하루 한 끼

면역 밥상

한 그릇 비우고
면역력 채우는

하루 한 끼
면역 밥상

이경미 지음

비타북스

내 먹거리를 고르고

직접 요리해서 먹는 건

몸과 마음을 건강하게 돌보는 일.

오늘은

어떤 음식을 먹었나요?

prologue

푸드테라피로 만성염증을 치유하는 의사

2년 전《만성염증을 치유하는 한 접시 건강법》을 출간한 이후 독자들에게 가장 많이 들었던 요청은 '레시피도 알려주면 좋겠다'는 것입니다. 정해진 레시피보다 식사 원칙과 식재료에 대한 정보를 알고 각자 자신의 생활에 적용하는 것이 낫지 않을까 생각했는데 제 생각이 짧았다는 걸 알았습니다. 결국 사람들이 원하는 것은 직접 보고, 요리하고, 맛보는 거였어요! 그때부터 후속작으로 레시피북을 염두에 두었습니다.《하루 한 끼 면역 밥상》은 독자들이 자신의 먹거리를 직접 고르고, 요리해서 밥상을 차렸으면 하는 취지로 준비한 책입니다.

저는 질병이 발생한 후 뒤늦게 치료하는 것이 아니라 사전에 질병을 예방하고, 나아가 건강하고 활기차게 사는 것에 중점을 두며 환자를 진료해왔습니다. 의사로서 환자에게 줄곧 강조해온 건 현대인이 겪는 질환의 원인은 만성염증이라는 것입니다. 비만, 대사증후군, 고혈압, 당뇨, 고지혈증, 아토피, 심지어 암과 치매 같은 질환의 기저에는 공통적으로 만성염증이 있습니다. 만성염증은 면역 시스템이 제대로 작동하지 않아 발생합니다. 면역 시스템이 제 기능을 하지 못할 때 만성염증 상태가 되고, 이로 인해 다양한 증상과 질환이 나타나는 것이지요. 안타깝게도 만성염증을 치료하는 약물은 없으며 잘못된 식습관과 생활습관을 바꾸지 않고는 근본적인 치료가 어렵습니다. 대부분의 사람들이 식습관과 생활습관을 바로잡지 못해 증상이 악화되거나 복용하는 약이 점점 늘어나곤 하지요.

아프지 않으면 당장 관심을 갖지 않던 '면역력'은 최근 코로나 상황을 만나 관심을 끌게 되었습니다. 건강과 질병 예방에 대한 관심이 요즘만큼 뜨거웠던 적이 있나 싶습니다. 그래서인지 면역력을 높이려면 어떻게 해야 하냐는 질문을 많이 받습니다. 제가 환자에게 강조하는 면역력의 핵심 요인은 먹거리, 운동, 스트레스 관리이며 그중 먹거리가 매우 중요하다고 말합니다.

저는 면역 시스템의 오작동에 대해 근본적으로 접근하고 치료하기 위해 푸드테라피 클리닉을 운영하며 환자를 마주하고 있습니다. 진료 과정에서 식습관 교정을 병행하며 어떤 식재료를 어떻게 요리해야 하는지 레시피와 식단을 처방합니다. 그 결과 환자는 약을 줄이거나 끊게 됐고 클리닉에 처음 왔을 때보다 훨씬 건강한 모습으로 변했습니다. 종종 환자가 요청하면 제가 실제로 주문하는 식재료 리스트와 사용하는 온라인 장보기 앱을 공유하기도 합니다. '백문이 불여일견'이라고 결국 주치의인 제가 어떤 음식을 어떻게 만들어 먹는지 가장 궁금한 것이었기에 필연적으로 이 책이 나올 수밖에 없었나 봅니다.

면역 밥상을 시작하기 전에

진료실에서 환자의 식습관을 변화시키며 제가 중요하게 생각하는 것들이 있습니다. 이는 집에서 직접 요리하고 먹어보며 레시피를 개발할 때 고려했던 것들입니다.

첫째, 음식은 건강하면서도 맛있고 보기에도 좋아야 합니다. 건강한 식사가 필요하다는 건 알면서도 건강한 요리는 맛이 없다는 선입견에 주저하게 됩니다. 실제로 그동안 건강식 레시피 관련 강의와 책을 보면 제가 봐도 선뜻 손이 가지 않습니다. '건강'이 아무리 중요하다 해도 단지 '건강'이라는 실용적인 목적으로만 식사를 바라보는 것은 음식이 주는 즐거움, 상호 교류, 행복이라는 사회 문화적이고 정서적인 측면에 대한 이해가 부족한 것입니다.

저는 음식에 대해서 특별한 경험이 많고 인연이 깊습니다. 막내딸인 저는 어려서부터 엄마 옆에서 전을 붙이고 송편을 빚는 걸 좋아했습니다. 대학교 축제 때 학과 장터가 열리면 동기들과 후배들을 통솔해 메뉴를 정하고 장을 보고 요리하는 게 즐거웠습니다. 샌드위치를 만들어서 후배들에게 나눠주는 것도 좋아했습니다. 아픈 친구의 자취집에 찾아가 죽을 끓여주기도 했지요. 자연식 요리를 배우러 다니며 강의와 쿠킹클래스를 함께 엮어 프로그램을 만들기도 했습니다. 이처럼 음식은 저에게 영양 공급이라는 일차원적인 목적 이상의 교감 과정이었습니다.

둘째, 집에 있는 재료로 간편하게 만들되, 한 그릇으로 영양은 충분해야 합니다. 아무리 건강에 이로워도 실천하기 어렵다면 소용이 없겠지요. 바쁜 현대인이 냉장고에 있는 재료로 한 그릇 뚝딱 만들어 다양한 영양소를 먹을 수 있게 레시피를 개발했습니다. 하루 한 끼만이라도 간편하게 요리해서 건강하고 맛있게 먹는 치유 요리가 되었으면 합니다.

셋째, 평소에 먹는 다양한 음식처럼 맛의 즐거움이 있어야 합니다. 평소에는 미각을 자극하는 갖가지 음식을 먹으면서 건강식은 단조로운 형태로 제안한다면 일상식으로 활용하기 어렵겠지요. 건강식이 지속 가능하려면 평소에 먹는 음식처럼 맛있고 다채로워야 합니다. 건강한 음식은 맛이 없고 단조롭다는 편견을 깨기 위해 수프, 샌드위치, 면 요리 등 메뉴를 다양하게 구성하려고 노력했습니다.

넷째, 처음부터 100점 받으려 하지 마세요. 습관을 바꾸는 일은 쉬운 일이 아니기 때문에 면역 밥상의 레시피를 매끼마다 실천하려고 애쓰다가 지레 포기하지 않았으면 합니다. 면역 밥상 원칙인 염증을 높이는 식품을 적게 먹는 것만으로도 우리 몸은 많이 바뀔 수 있습니다. 레시피를 처음부터 따라하기 어렵다면 먼저 염증을 높이는 가공식품과 당분이 많은 식품 섭취를 줄이는 것부터 시작하세요. 이후 하루 한 끼, 또는 시간 여유가 있는 주말 등 자신의 라이프 스타일에 맞추어 서서히 변화해나갔으면 합니다.

또한 면역 밥상의 원칙과 요리 방법에 있어서 약간의 현실적인 타협을 허용했으면 합니다. 시간이나 비용적인 한계가 있을 수 있는데 모든 것을 완벽하게 지킨다는 것은 바쁜 현대인의 생활에서 건강 요리를 시도하는 것 자체를 막기 때문입니다. 가공식품은 최대한 줄이되 활용할 수 있는 기존 제품을 좀더 건강하게 선택할 수 있는 방법을 책에 제시했습니다. 문턱을 낮춰서 새로운 시도를 해 보는 것이 완벽하게 하느라 늦어지거나 시도조차 못하는 것보다 훨씬 나으니까요.

독자 여러분이 건강하고 맛있는 면역 밥상으로 하루하루 더 건강한 삶을 즐겼으면 하는 바람입니다.

마지막으로 집필에 도움을 준 궁세정 선생님, 새로운 영역에 도전하는 저에게 늘 아낌없는 격려와 깊은 통찰을 일깨워주시는 난문소의 배성욱 박사님, 즐겁게 집필할 수 있도록 적극적으로 지원해준 고영아 편집자와 이상미 편집자에게 진심으로 감사의 말씀을 드립니다.

2021년 10월, 음식이 주는 치유와 기쁨을 담아

이경미

이런 사람에게 면역 밥상이 필요합니다

특별히 병은 없는데 잠을 자도 피곤한가요? 속이 더부룩하고 배에 가스가 차서 불편하지 않나요? 사시사철 감기와 알레르기를 앓고 잘 회복되지 않는 경우는 어떤가요?

이런 증상을 호소하는 분들이 저의 푸드테라피 클리닉에 찾아옵니다. 저는 증상을 일으키는 근본적인 원인을 찾아 치유를 돕고 있지요. 이유 없이 몸이 아프고 평소와 다른 증상으로 불편함을 호소하는 분들은 증상은 다르더라도 공통점이 있습니다. 바로 만성염증이에요. 만성염증은 면역 시스템이 오작동하여 나타난 결과입니다. 그대로 방치하면 피부질환(아토피, 건선)을 일으키거나 성인병(비만, 대사증후군, 당뇨)으로 발전하지요. 심각한 경우 류머티즘과 암 같은 질병의 원인이 되기도 하며 사람마다 취약한 곳에 문제를 일으킵니다. 이러한 증상의 근본 원인은 만성염증이며 만성염증은 우리 몸의 면역 시스템에 문제가 발생했다는 신호입니다.

면역 시스템 작동에 효과적인 약이 있다면 얼마나 좋을까요? 안타깝게도 먹기만 하면 면역력이 좋아지는 약, 영양제, 식품은 없습니다. 면역력이란 영양, 심리, 호르몬 등 다양한 요소의 복합적인 결과물이기 때문입니다. 그래서 저는 환자의 소화 기능, 영양 상태, 세포의 대사 기능, 호르몬, 면역세포 활성도를 분석해 3~6개월간 몸을 바꾸는 치료를 합니다. 치료의 핵심은 식습관을 바꾸는 것입니다. 어떻게 먹느냐에 따라 면역과 염증 상태가 달라지기 때문이지요. '우리가 먹는 것이 곧 우리 자신 you are what you eat'이라는 말이 이러한 진실을 잘 보여줍니다.

저는 진료실에 찾아오는 분들에게 공통적으로 면역 밥상을 처방합니다. 만성염증을 줄여 면역 시스템을 제대로 작동시키는 식사야말로 증상을 조절하고 건강을 증진하는 데 효과적이기 때문이지요. 실제로 면역 밥상을 실천해 건강을 되찾은 몇 가지 사례를 소개합니다.

사례 1

"아토피와 알레르기 증상이 완화됐습니다"

30대 여성

어릴 적부터 꽃가루 알레르기가 있었어요. 학창 시절 외국 유학을 다녀온 후 증상이 더 심해졌습니다. 계절에 상관없이 아토피와 두드러기 증상이 저를 고통스럽게 했죠. 원인을 모른 채 고생했어요.

검사 결과 백혈구 수치와 면역세포 활성도가 정상 범위보다 낮았습니다. 지방산 검사에서는 적혈구 세포막의 오메가3지방산 수치가 거의 결핍 수준이었습니다. 전체적으로 지방 균형이 깨져 체내 염증이 악화되고 면역력이 저하된 상태였지요.

식품면역반응검사를 통해 유제품과 밀가루 식품이 저에게 맞지 않다는 걸 알게 됐습니다. 아토피와 알레르기 증상은 저에게 맞지 않는 음식을 먹었기 때문이었어요. 평소 패스트푸드와 가공식품을 많이 섭취했거든요.

진료를 받은 후 염증을 일으키는 패스트푸드와 가공식품을 가급적 먹지 않았어요. 저에게 맞지 않는 식품들의 섭취도 철저하게 줄이고 면역 밥상을 실천했어요. 녹황색 채소와 발효식품으로 밥상을 차렸고, 생선과 견과류로 불포화지방 섭취를 늘렸습니다.

1개월 후 몸에 서서히 변화가 생겼습니다. 가장 먼저 복부에 가스가 차는 증상이 줄었어요. 2개월 후 피로감이 거의 사라지고 컨디션이 좋아졌습니다. 무엇보다 아토피와 알레르기 반응이 많이 개선됐습니다. 면역 반응을 일으키는 유제품과 밀가루 섭취를 줄이고 장내 미생물 건강을 위해 식이섬유 섭취를 늘린 덕분이었죠. 2년째 건강 상태를 유지하고 있으며, 최근 검사에서 면역세포 활성도가 많이 개선된 것으로 나왔습니다.

사례 2

"당뇨약으로
잡지 못한 혈당,
면역 밥상으로
잡았어요!"

60대 남성

저는 10년 전에 당뇨병 진단을 받았습니다. 갖가지 약을 먹었지만 혈당 관리가 되지 않았어요. 혈당이 잡히지 않아 당뇨약을 추가해야 하는 상태였고, 저는 약의 종류와 개수를 늘리는 게 두려웠어요. 더 이상 약에 의지하고 싶지 않아 도움을 받게 됐습니다.

저의 면역 밥상 포인트는 2가지였어요. 탄수화물과 단백질 섭취를 바르게 하는 거였습니다. 평소에 빵, 국수, 떡을 즐겨 먹던 식습관을 현미와 잡곡으로 바꿨습니다. 탄수화물을 무조건 안 먹는 것이 아니라 혈당을 급속히 올리는 빵, 면, 디저트와 같은 정제 탄수화물 대신에 복합 탄수화물로 바꾸는 것이었죠.

또한 단백질 섭취에 신경 썼어요. 단백질 섭취는 근육량을 늘리기 위한 거였습니다. 혈당 조절을 위해 근육량이 중요한데, 저는 운동을 열심히 하는데도 불구하고 근육 생성이 더딘 편이었어요. 운동을 하는데 근육량이 늘지 않는 건 탄수화물 섭취가 많고 상대적으로 단백질 섭취가 부족했기 때문이었습니다. 운동량을 고려해서 단백질 섭취를 늘려야 했지만 저의 경우 체중과 고지혈증 때문에 육류 섭취를 늘리는 건 적절하지 않았습니다. 그래서 콩과 같은 식물성 단백질, 생선, 해산물 위주로 섭취하도록 처방받았어요.

1개월 후 제가 느낀 몸의 변화는 허기짐이 사라졌다는 거였습니다. 예전에는 식간에 기운이 없고 허기져서 무심코 간식을 먹었는데 면역 밥상을 실천하고부터 든든하고 괜찮았어요. 간식을 안 먹게 되니 혈당이 떨어지고 전체 칼로리 섭취가 줄어 체지방이 감소하고, 근육량은 증가하는 놀라운 변화가 생겼습니다. 피로감이 줄고 기력이 좋아지는 것도 느꼈어요.

사례 3

"영양 부족으로 인한 탈모와 만성 피로를 해결했어요"

40대 여성

점점 심해지는 탈모가 신경 쓰여서 스트레스가 이만저만 아니었어요. 소화불량도 있고 항상 피곤하고 무기력했습니다. 한 웹사이트에서 저와 유사한 증상의 사례를 보고 영양 부족을 의심하게 됐습니다. 정확한 원인을 알기 위해 검사를 받았어요.

검사 결과 제 증상의 원인은 영양 불균형이었습니다. 비타민(B·C·D), 아연을 포함한 다양한 미량 영양소과 단백질이 결핍된 상태였어요. 탈모와 손톱이 부러지는 것은 단백질 부족의 신호였어요. 에너지 대사에 필요한 미량 영양소가 부족하니 늘 피곤했던 거였죠.

저는 잦은 소화불량으로 영양소의 소화·흡수가 잘 안 되는 상태였기 때문에 식사량을 늘리는 것이 쉽지 않았어요. 소화 기능 회복을 위해 전반적인 식습관을 바꾸는 게 먼저였어요. 그동안 빵, 초콜릿, 디저트로 식사를 대신하거나 끼니를 거르기도 했고 불규칙하게 식사했었거든요. 그래서 정제 탄수화물 섭취를 줄이고 규칙적으로 식사하도록 조언을 받았습니다. 소화와 장 기능을 돕는 영양 보조제와 면역 밥상도 처방받았어요.

2주간 정제 탄수화물을 줄이고 저지방 단백질 식품을 매끼 섭취했어요. 저는 소화불량 증상이 있었기 때문에 생채소보다 익힌 채소를 먹으며 면역 밥상 원칙을 실천했습니다. 2주 후 몸의 변화는 놀라웠어요. 식사법을 바꿨을 뿐인데 피로감도 줄고 소화불량을 거의 느낄 수 없었죠. 영양 불균형이 해결되니 자연히 탈모도 줄어들었습니다. 예전에는 거울에 비친 칙칙한 모습이 싫었는데 요즘은 얼굴빛이 달라진 걸 느껴요!

사례 4

"잦은 감기와 상처 회복 속도가 개선됐어요"

40대 남성

저는 감기를 달고 살았습니다. 평소 체력이 약하다고 생각했어요. 아침에 멍하고 오후가 되어서야 정신이 들었거든요. 언제부터인가 상처가 생기면 회복되기까지 오래 걸린다는 걸 느꼈어요. 상처가 잘 아물지 않고 덧났죠. 몸에 문제가 있다는 걸 느끼고 진료실을 찾았습니다.

제 증상은 장누수증후군이 의심되어 식품면역반응검사를 받았습니다. 장내 미생물 불균형으로 인해 장 점막에 염증이 생기고 장 점막이 건강하지 않아 여러 성분이 투과되어 면역 반응이 생겼던 거죠.

저는 염증이 생긴 장 점막을 튼튼하게 하고 장내 미생물 회복을 위해 패스트푸드와 가공식품 등 염증을 일으키는 식품 섭취를 피했습니다. 대신 프로바이오틱스와 프리바이오틱스 성분이 풍부한 면역 밥상으로 식사를 했어요. 저에게 안 맞는 우유, 달걀, 쇠고기를 제한하는 동안 단백질이 부족하지 않도록 콩, 완두콩, 두부, 두유, 닭고기, 오리고기, 생선으로 대체해서 섭취했습니다.

식사를 바꾸자 피곤하고 상처가 잘 생기는 증상이 더 이상 신경 쓰이지 않을 정도로 줄어들었어요. 증상이 좋아진 걸 보니 장 점막의 염증과 장내 미생물이 많이 개선된 것 같았어요. 점점 음식으로 인한 면역 반응이 줄어드니 체내 염증도 줄어들고 몸의 회복 기능이 좋아진 것 같았습니다.

2주 후 피로감이 많이 개선됐고 3개월째 면역 밥상을 유지하고 있습니다. 지금은 자주 걸리던 감기에 걸리지도 않고 체력이 많이 회복됐어요.

contents

prologue

1장

면역 밥상, 왜 필요할까?

면역력 이해하기

식품 선택과 요리법

2장

면역 밥상 차리기

밥

죽 · 수프

면 요리

국물 요리

일품 요리

샐러드

샌드위치

부록

1장

면역 밥상, 왜 필요할까?

면역력을 높이는 기본은 매일 먹는 음식에 있습니다.
음식에는 감기부터 암까지 질병을
예방할 수 있는 영양소가 있기 때문이죠.
밥상에서 시작하는 면역 기초 다지기, 시작해볼까요?

면역력 이해하기

면역력의 핵심 요소

병에 잘 걸리지 않거나 회복이 잘될 때 흔히 '면역력'이 좋다고 말합니다. 면역력은 말 그대로 질병에 걸리는 것을 피(免)하고 스스로 회복하는 힘인 거죠. 우리 몸은 외부에서 들어온 바이러스, 박테리아, 기생충 같은 미생물과 환경오염물질 등 이물질을 제거하기 위해 면역 시스템을 작동합니다. 몸속 낡은 세포와 조직을 제거하기 위해 면역 시스템이 작동하기도 합니다. 이처럼 바이러스와 세균 감염으로부터 우리 몸을 보호하는 건 물론, 암을 비롯한 질병과 노화를 예방하는 것도 면역의 역할입니다.

최근에는 어떻게 하면 면역력이 강해지는지, 무엇을 먹어야 하는지 궁금해하는 분들이 많습니다. 그러나 면역력은 한 가지 요소로 쉽게 설명되고 결정되는 것이 아닙니다. 면역력은 심리, 신경, 호르몬, 면역세포를 아우르는 인체 시스템의 종합적인 최종 결과물이라고 할 수 있어요. 면역학에서 출발해 연구가 거듭됨에 따라 현재는 심리신경내분비면역학(Psycho-Neuro-Endocrino-Immunology)이라는 학문으로 발전했을 정도로 우리의 면역력은 마음, 영양 상태,

신경계의 안정, 호르몬 분비의 상호작용으로 이루어집니다. 식품 하나, 영양제 하나, 약 하나로 면역력을 높이는 건 불가능하며 매일 건강한 생활 습관으로 몸과 마음이 편해야 결과적으로 면역력이 좋아집니다.

1

우리 몸에는 면역 울타리가 있다

우리 몸은 매우 효율적으로 설계되어 두 종류의 면역 울타리로 몸을 보호합니다.
첫 번째 울타리는 선천 면역(자연 면역)이라는 울타리로 외부 병원균과 이물질 대부분을 최대한 걸러내고 막아줍니다. 피부, 호흡기와 소화기의 점막, 병원균을 죽이는 위산과 효소가 이런 역할을 담당해요. 또한 탐식세포와 자연살해세포(NK) 같은 백혈구들이 바이러스, 세균, 돌연변이 세포를 잡아먹습니다.
만약 자연 면역으로 외부 물질을 완전히 처리하지 못한 경우 어떻게 될까요? 걱정하지 마세요. 두 번째 울타리인 후천 면역(획득 면역)이 있습니다. 백혈구세포 중에서 T세포와 B세포라는 림프구세포가 두 번째 울타리 역할을 담당합니다. T세포와 B세포는 병을 앓았을 때 원인을 기억해두었다가 추후 다시 병원균이 침입하면 대규모로 항체를 만들어 대처합니다. 특별한 구분 없이 무차별적으로 제거하는 자연 면역과 다른 점은 바이러스와 세균을 기억해서 일대일로 제거한다는 점이에요.

익히 알고 있는 백신은 두 번째 면역 울타리에 해당합니다. 백신은 바이러스나 세균의 일부분, 또는 활성을 약화시킨 성분을 건강한 인체에 주입해서 병을 앓지 않고도 항체를 만들어 두는 방법이지요. 그렇게 해서 세균이나 바이러스의 침입을 미리 대비합니다.

흔히 면역이라고 하면 두 번째 울타리에 해당하는 항체와 백신을 먼저 떠올리기 쉬워요. 그러나 꼭 기억해야 할 점은 대부분의 병원균을 막고 제거하는 것이 피부, 장 점막, 위산, 탐식세포, NK세포 같은 자연 면역, 즉 첫 번째 울타리라는 겁니다. 위산과 장을 포함한 우리 몸의 소화 기능이 면역에 얼마나 중요한지 알 수 있지요.

이처럼 몸은 자연 면역(첫 번째 울타리)과 획득 면역(두 번째 울타리)이 조화롭게 시너지를 일으키며 외부의 침입을 방어하는데, 불균형이 생기면 질환이 발생하게 됩니다. 면역 반응이 정상적으로 작동하지 않으면 조직 손상을 유발하는 만성염증 상태가 되어 염증성 장질환, 심혈관질환, 류머티즘, 암, 치매 같은 만성질환이 발생하게 되는 거지요. 반대로 면역 반응이 과하게 작동하면 아나필락시스를 비롯한 과민 반응 또는 갑상선질환 같은 우리 몸의 정상 조직을 공격하는 자가면역질환이 생길 수 있습니다.

2

튼튼한 소화기관이 면역력을 높인다

자연 면역에서 특히 소화기관(점막, 위산, 효소)은 중요한 역할을 합니다. 무엇을 먹느냐도 중요하지만 음식을 소화·흡수하는 소화력이 중요하다는 거죠. 왜 그럴까요? 면역 시스템의 구성 요소 중 70퍼센트가 소화기관에 있기 때문이에요.

위와 장은 음식물에 섞여 들어온 각종 미생물과 화학물질을 걸러내고 영양소를 소화·흡수하는 역할을 합니다. 배 속에 구불구불하게 접혀 있는 소장 점막은 펼치면 길이가 7~9미터에 달할 정도로 길어요. 접촉면이 넓은 것만 봐도 면역의 1차 방어선으로서 장이 얼마나 중요한지 유추할 수 있습니다. 장 안에 서식하는 각종 유익한 미생물은 손상된 장 점막을 재생시키고 항체를 만들어 유해한 세균과 바이러스가 침입하는 것을 막지요.

평소 소화가 안 되거나 가스가 차고 변비 또는 설사가 있다면 자신의 식습관을 들여다보고 바꿔보세요. 위장관의 건강을 회복하는 것이 면역력을 키우는 첫 번째 지름길이기 때문입니다. 이를 위해 규칙적으로 식사하고 과식과 야식을 피하는 것이 무엇을 먹느냐보다 먼저 지켜져야 합니다.

면역력은 마음을 비롯한 신경계의 안정과 매우 관련이 깊습니다. 책 전반에 걸쳐 면역 밥상에 대해 다루기 전에 면역의 중요한 축인 마음 관리에 대해 짚고 넘어가도록 할게요.

생활 속 스트레스가 많은 현대인의 삶은 이완과 회복을 돕는 부교감신경의 활성을 낮춥니다. 반면 긴장을 높이는 교감신경의 활성을 높여 부교감신경과 교감신경의 균형이 깨지기 쉽습니다. 자율신경계의 불안정에 만성적으로 노출되어 있죠.

만성적인 스트레스로 교감신경이 흥분하고 스트레스 호르몬인 코티솔이 분비되면 면역세포인 림프구 수가 줄어들고 면역 시스템의 활성이 약해집니다. 교감신경이 흥분해서 긴장도가 증가하면 불안하고 우울한 증세와 함께 충분한 수면을 취하기 어렵게 됩니다. 잠을 자는 동안 우리 몸의 회복이 이루어지는 점을 생각했을 때 잘 먹는 것도 중요하지만 더 중요한 것은 마음이 편한 것, 잠을 푹 잘 자는 거예요. 그래서 신경계 안정을 위해 스트레스를 관리하는 것은 면역력을 높이는 데 실제로 영향이 매우 큽니다.

교감신경 흥분으로 몸이 긴장하면 소화기관의 운동 기능도 저하되어 영양소의 소화·흡수를 저해하기 때문에 아무리 좋은 식품을 먹어도 그 효과를 충분히 얻기가 어렵습니다. 그래서 저는 면역 밥상을 처방할 때 반드시 스트레스를 관리하는 법도 함께 처방합니다.

오랜 시간을 들이지 않더라도 즉각적으로 스트레스 조절에 도움이 되는 것이 호흡입니다. 5분 만이라도 의식적으로 호흡을 하는 거예요. 숨을 들이마실 때 긴장도를 높이는 교감신경이 흥분하고, 내쉴 때 이완을 돕는 부교감신경이 활성화됩니다. 본인의 호흡을 관찰하며 숨을 들이마시고, 멈추고, 입으로 내쉬는 비율을 4:7:8 정도로 유지합니다. 내쉬는 숨을 길게 하는 호흡법이 교감신경과 부교감신경의 균형을 가져올 수 있습니다.

스트레스 받거나 긴장하면 흔히 얕고 빠른 호흡을 하게 되는데 이때 깊고 느린 호흡을 하면 이완을 돕는 부교감신경을 활성화시켜 스트레스 조절에 도움이 됩니다. 혼자하기 어렵다면 마음 관리 무료 어플 〈Beautiful Mind Beautiful Life 하루 5분 마음관리〉를 활용해서 연습해보세요.

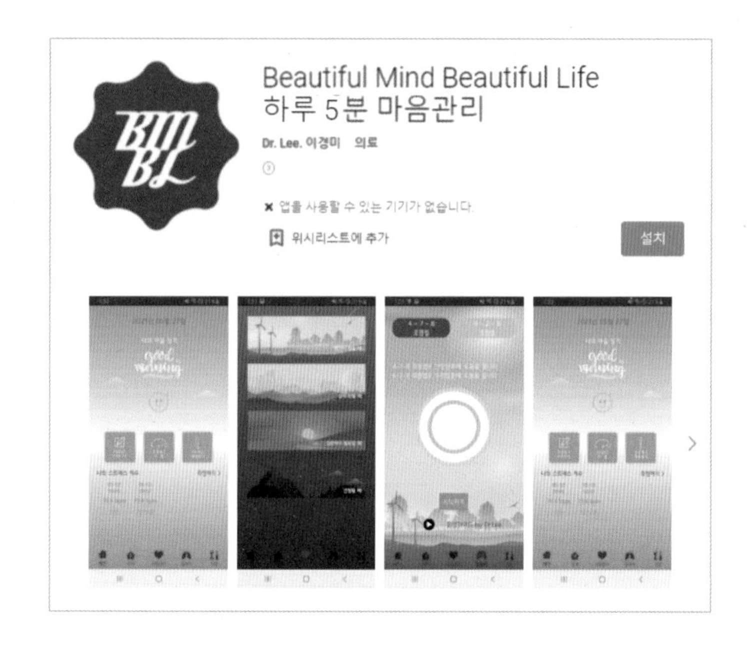

면역력과 밥상의 관계

앞에서 살펴본대로 면역력은 다양한 요소에 의해 결정됩니다. 그중 위장관 건강에 영향을 미치는 것이 바로 우리가 매일 섭취하는 음식, 즉 영양소입니다. 다양한 영양소를 함유한 식품을 한 끼로 구성하면 밥상이 되죠. 여러 식품으로 구성된 밥상으로부터 공급되는 영양소가 장 점막의 기능, 장내 미생물, 면역세포의 기능, 염증 프로세스에 영향을 주고 결국 면역력에 영향을 줍니다.

1 만성염증을 유발하는 서구형 식사

식품이 면역과 염증 지표에 미치는 영향에 대해서는 많은 연구 결과가 있습니다. 연구 자료를 종합해보면 가공식품, 정제 탄수화물, 당분, 트랜스지방 섭취가 많고 채소와 과일 섭취가 적은 식사는 면역에 부정적인 영향을 미친다는 것이 공통된 결론입니다. 여기에는 전형적인 서구형 식사가 해당합니다. 서구형 식사는 면역력에 필수적인 비타민 D, 아연, 비타민 C가 부족해 면역 기능을 저하시키는 거죠.
식품은 가공할수록 면역력에 도움이 되는 비타민, 미네랄,

식이섬유 같은 영양소는 줄어들고 칼로리는 높아집니다. 실제로 2019년 의학 잡지에 실린 논문을 보면 15년간 성인 2만 명을 조사한 결과 가공식품을 하루에 4회 이상 섭취한 그룹이 1회 이하로 섭취한 그룹에 비해 사망률이 62퍼센트 높았습니다. 이런 이유로 면역력을 높이기 위해 햄, 소시지, 포테이토칩, 햄버거, 아이스크림, 탄산음료 같은 가공식품 섭취를 줄이는 것이 무엇보다 효과적입니다.

음료, 빵, 쿠키 같은 정제 탄수화물 섭취는 혈당과 염증 지표 (종양괴사인자TNF-alpha, C반응성단백CRP, 인터루킨-6IL-6) 수치를 높입니다. 또한 탐식세포 같은 면역세포의 기능을 방해하지요. 2012년 85세 이상의 성인 562명을 대상으로 한 연구에서는 혈당이 높을수록 자연 면역 반응이 저하되고 염증 지표 수치가 높아지는 것을 알 수 있었습니다.

육류와 유제품 같은 동물성 식품에 포함된 포화지방 섭취가 많아지면 염증이 늘어나고 장내 미생물에 부정적인 변화가 나타나며 백혈구세포의 기능을 방해합니다. 결과적으로 서구형 식사는 면역력을 저하시키고 염증을 유발해 다양한 만성질환을 일으킬 수 있습니다.

반면 채소, 콩류, 씨앗류, 견과류, 과일, 통곡, 불포화지방 식품으로 구성된 식사는 염증을 줄이며 면역력을 높이는 데 도움을 줍니다. 이러한 식품에는 비타민 C, 아연, 비타민 D, B6, B12, 구리, 철분, 엽산, 셀레늄 같은 영양소가 풍부한데 모두 면역 시스템의 기능을 위해 필수적인 영양소입니다.

특히 식이섬유를 섭취하면 장에서 미생물의 발효 과정을 통해 짧은 사슬 지방산이 많이 생산됩니다. 짧은 사슬 지방산은 장 점막이 외부 해로운 물질로부터 우리 몸을 방어하는 기능을 향상시켜 면역 반응을 조절하지요. 이처럼 어떠한 형태로 식사를 구성하느냐에 따라 면역과 염증 수치가 달라집니다.

건강하지 못한 식사, 스트레스, 운동 부족이 면역 기능의 교란을 일으켜 만성염증 상태를 만들고, 이는 만성질환을 유발합니다. 결국 면역 기능을 높이는 면역 밥상은 만성염증을 줄여 다양한 질환을 예방하는 식단이라고 할 수 있지요.

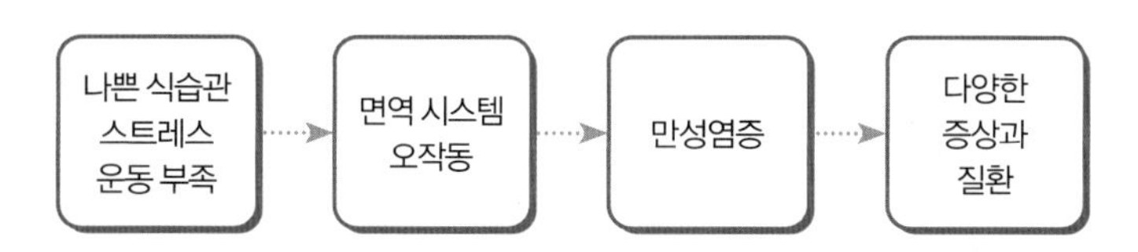

2 개별 식품과 영양소의 함정

개별 식품과 개별 영양소가 건강, 질병, 면역에 미치는 영향에 대한 연구는 많습니다. 반면 다양한 영양소와 식품으로 구성한 밥상이 면역과 건강에 미치는 영향에 대한 연구는 훨씬 복잡합니다. 밥상에는 여러 식품과 영양소가 섞여 있기 때문이지요.

또한 식품만이 면역과 건강에 영향을 미치는 것이 아니라 반대로 면역 시스템과 건강 상태도 영양소의 대사 과정, 영양 요구량, 식품에 대한 생리적인 반응 등에 영향을 미치기 때문에 최종 효과를 검증하기가 쉽지 않습니다. 평소 두드러기를 일으키지 않던 음식인데 컨디션이 좋지 않을 때 섭취하면 두드러기가 난다고 호소하는 분들이 많습니다. 식사와 면역 사이의 복잡한 상호작용의 결과입니다.

미디어나 연구에서 단일 영양소와 단일 식품의 효과를 다루는 것은 정보를 전달하기 편리하기 때문입니다. 그러나 이는 현실과 동떨어진 이론일 뿐이지요. 개별 식품과 영양소에 대한 정보를 많이 듣고 알아도 막상 한 끼 밥상을 구성하려고 하면 어렵습니다. 밥상은 한 가지 식품으로 한 가지 영양소를 섭취하는 것이 아니라 다양한 식품을 조합해 영양소를 골고루 섭취할 수 있도록 구성하는 것이기 때문입니다.

미디어에서 강조하는 한두 가지 수퍼푸드를 집중적으로 먹으면 정말 건강해질까요? 어느 정도 효과는 있겠지만 건강을 장담할 수 없을 겁니다. 밥상은 식습관의 기초와 토대에 해당하고 수퍼푸드라는 특정 식품은 일부분일 뿐이니까요. 기초가 부실한데 타일 하나, 기둥 하나를 좋은 재료로 사용한다고 집이 튼튼하고 멋지게 지어지는 건 아닌 것과 같습니다.

3

만성염증 잡고 면역력 높이는 면역 밥상

개별 영양소와 식품의 건강 효과에 대한 정보는 많은데 실제로 효과를 보려면 어떻게 해야 할까요? 이러한 지식을 자신의 밥상에 적용할 줄 알아야 겠지요. 기존의 연구을 통해 면역력을 높이는 영양소를 가진 식품을 선택하여 적절한 비율로 구성하고 염증을 줄이는 요리법으로 한 끼의 식사를 구현하는 겁니다. 이것이 바로 제가 생각하는 면역 밥상입니다.

저는 푸드테라피 클리닉을 운영하며 면역 시스템의 오작동에 대해 근본적으로 접근하고 치료하기 위해 면역 밥상을 처방하고 있습니다. 면역 밥상으로 식습관을 고친 분들은 약을 줄이거나 끊게 됐고 클리닉에 처음 왔을 때보다 훨씬 건강한 모습으로 변했습니다.

만약 요리에 서툴다면 염증을 높이는 가공식품과 당분이 많은 식품 섭취를 줄이는 것부터 시작하세요. 면역 밥상의 첫 번째 원칙은 염증을 유발하는 식품을 적게 먹는 것입니다. 이미 면역력이 저하된 상태라면 해로운 식품을 피하는 것만으로도 몸 상태가 많이 바뀔 수 있습니다.

식품 선택과 요리법

면역 밥상의 식품 선택 원칙

1

곡물은 복합 탄수화물을 선택한다

곡물은 정제(가공) 할수록 식감이 부드러워지는 대신 비타민과 미네랄 같은 미량 영양소와 식이섬유가 손실되고 소화·흡수가 빨라 혈당을 빠르게 높입니다. 흰 밀가루와 흰 설탕 같은 정제 탄수화물을 먹으면 혈당이 빠르게 올라가고 인슐린 분비가 급격히 증가하는 거죠. 똑같은 빵을 먹어도 고소한 크루아상과 말랑말랑한 모닝빵은 식감이 딱딱하고 거친 통밀빵보다 혈당을 빠르게 높입니다. 정제 탄수화물 섭취로 발생하는 고혈당과 고인슐린혈증은 결국 몸에 염증을 유발하지요.

탄수화물을 건강하게 먹으려면 현미, 통밀, 보리, 수수 같이 가공하지 않은 복합 탄수화물을 선택해야 합니다. 복합 탄수화물은 혈당을 안정적으로 유지하고 염증도 줄이는 훌륭한 식품이지요.

통곡	현미, 통밀, 귀리(오트밀), 호밀
잡곡	보리, 수수, 퀴노아, 조, 메밀

2

다양한 색의 채소와 과일을 포함시킨다

알록달록한 색의 채소와 과일에는 비타민, 미네랄, 식이섬유, 파이토케미컬이 함유돼 있어요. 파이토케미컬은 채소와 과일의 색을 결정하는 성분으로 껍질에 많습니다. 식물이 해충과 외부 물질로부터 자신을 보호하기 위해 만들어내며 천연 항바이러스 항생제 역할을 하지요. 이 물질이 우리 몸 안에서도 비슷한 역할을 해 면역력을 강화하는 효과가 있습니다. 파이토케미컬의 효과를 누리기 위해서 알록달록한 색의 다양한 식품을 섭취하는 것이 가장 좋습니다.

색	파이토케미컬	종류
빨간색	라이코펜	토마토, 고추, 적포도, 수박, 딸기, 사과
노란색	베타카로틴	당근, 단호박, 고구마, 귤, 레몬
녹색	베타카로틴	브로콜리, 쌈채소, 비타민채, 시금치, 케일
검정색, 보라색	안토시아닌	검은 콩, 흑미, 검은 깨, 가지, 블루베리
흰색	인돌	콜리플라워, 양배추, 무, 배추, 양상추

3

트랜스지방은 피하고, 포화지방은 줄이고, 불포화지방은 섭취한다

지방은 음식에 고소하고 풍부한 맛을 내줍니다. 그래서 요리에 많이 사용하지요. 지방은 크게 포화지방과 불포화지방으로 나뉩니다. 건강에 좋은 지방은 불포화지방이며 흔히 알고 있는 오메가3지방 또한 불포화지방에 해당합니다. 불포화지방은 혈관에 쌓인 콜레스테롤을 청소하고 인슐린 저항성과 혈당을 낮춰 심혈관질환을 예방하는 효과가 있습니다. 반면 포화지방은 LDL 콜레스테롤 수치를 높여 동맥

경화와 심혈관질환 발생을 높이지요.

포화지방과 불포화지방은 어떻게 구분할까요? 보통 상온에서 고체 형태로 굳어 있는 지방은 포화지방이고, 액체 상태인 지방은 불포화지방이라고 생각하면 됩니다. 쉬운 예로, 돼지고기와 쇠고기 사이에 끼어있는 지방은 고체 형태이므로 포화지방인 거죠. 이처럼 포화지방은 붉은 육류에 많아요. 반면 염증을 낮추고 심혈관 건강에 좋은 불포화지방은 생선, 아보카도, 올리브유, 견과류, 씨앗류에 포함돼 있습니다.

트랜스지방은 자연 상태의 기름이 아닌 가공 기름입니다. 면역 시스템을 교란시키고 염증을 높이기 때문에 가능한 섭취를 줄이는 게 좋지요.

생선	연어, 고등어, 대구, 멸치, 청어, 장어
기름	올리브유, 아보카도유, 들기름, 참기름
씨앗류 및 견과류	아몬드, 호두, 브라질넛, 캐슈넛, 들깨, 참깨, 치아씨드, 아마씨, 마카다미아넛, 피스타치오, 해바라기씨

4 식물성 단백질을 선택한다

혹시 단백질은 육류로 섭취해야 한다는 편견을 가지고 있지 않나요? 단백질 식품으로 알려진 육류(동물성 단백질)에는 포화지방이 많아 고지혈증과 동맥경화증 같은 건강 문제를 일으킬 수 있습니다. 식물성 단백질을 더 많이 섭취하는 편이 건강에 좋겠죠. 식물성 단백질과 동물성 단백질 섭취 비율은 2:1 정도로 권장합니다.

단백질 섭취량은 체중의 0.8~1.2배(g) 정도 먹는 것이 적당합니다. 체중이 70kg일 경우 단백질을 56~84g 정도 매일 세 끼 식사에 나누어 먹는 거죠. 단 운동량이 많거나 근육을 만드는 경우 체중의 1.2배 정도 먹는 것이 좋습니다. 단백질 함량은 두부 100g(1/4모)에 10g, 달걀 1개에 8g, 두유 1팩에 6g 들어 있어요.

종류	권장 섭취량	식품
식물성 단백질	매일	대두콩, 완두콩, 강낭콩, 병아리콩, 퀴노아, 두부, 낫또, 두유, 견과류
생선 및 해산물	일주일 2회 이상	연어, 대구, 가자미, 고등어, 꽁치, 게, 문어, 오징어
동물성 단백질	일주일 2~3회 이내	닭고기, 오리고기
	일주일 1~2회 이내	돼지고기, 쇠고기

5

식이섬유 섭취를 늘린다

식이섬유는 환경호르몬, 미세먼지, 잔류 농약, 식품첨가물 같은 유해 물질을 흡착하여 몸 밖으로 배출하는 기능을 합니다. 면역력에 중요한 역할을 하는 장 건강에도 도움을 주지요. 또한 장내 미생물의 먹이가 되어 장을 튼튼하게 해주고, 배변 활동을 도와 장을 청소해줍니다.

식이섬유가 풍부한 식품은 식감이 거칠거나 질겨 씹는 횟수가 늘어나고 침 분비가 많아집니다. 이는 음식물이 위에서 소장으로 이동하는 속도를 늦추고 음식물 흡수를 느리게 해

혈당의 갑작스러운 상승을 막아줍니다. 결과적으로 고혈당과 고인슐린혈증을 예방해 염증을 줄이고, 콜레스테롤 흡수를 늦춥니다. 면역 밥상에 꼭 필요한 영양소인 셈이지요.

종류	효과	식품
불용성 식이섬유	**변비 완화, 규칙적인 장 운동 촉진**	현미, 잡곡, 견과류, 씨앗류, 콜리플라워, 호박, 셀러리, 토마토와 사과 같은 과일 껍질
수용성 식이섬유	**장내 유익균 증진, 프리바이오틱스**	콩, 보리, 귀리, 호밀, 프룬, 감자, 고구마, 양파

6 신선한 제철 재료를 적극 활용한다

음식의 맛을 결정하는 건 특별한 양념과 요리법이 아닌, 음식의 재료가 되는 식품이랍니다. 신선하면 양념을 많이 할 필요 없이 간단히 익혀도 재료 자체만으로도 맛있습니다. 특히 제철 재료는 영양가가 높고 잔류 농약이 적으며 값도 저렴해요. 식품마다 농약 사용의 정도가 다르니 잔류 농약이 많은 식품은 되도록 유기농으로 사용하세요.

농약을 많이 사용하는 식품 → 유기농 식품으로 구입하기	사과, 딸기, 포도, 샐러리, 복숭아, 시금치, 파프리카, 오이, 감자, 방울토마토, 고추, 케일
농약을 적게 사용하는 식품 → 제철 식품을 잘 씻어 섭취하기	양파, 옥수수, 파인애플, 아보카도, 양배추, 파파야, 망고, 아스파라거스, 가지, 키위, 자몽, 고구마, 버섯

발효식품을 활용한다

발효식품은 풍부한 미생물을 함유할 뿐만 아니라 발효 과정에서 젖산 같은 유익한 산성물질이 발생합니다. 산성물질은 몸속 유해한 부패균의 번식을 억제하는 역할을 합니다. 발효식품이 쉽게 부패하지 않고 보존성이 좋은 것도 산성물질 덕분이지요.

발효식품 속 미생물이 만들어내는 물질은 식품의 영양가를 높이고, 미생물에서 나온 효소는 탄수화물과 단백질을 분해해 음식의 소화·흡수를 돕습니다. 장 점막을 튼튼하게 해주는 건 물론 유해균과 곰팡이가 자라는 것을 막아 면역 기능을 높이는 그야말로 이로운 식품이지요.

가정에서 쉽게 섭취할 수 있는 대표 발효식품은 김치, 청국장, 된장, 간장, 낫또, 요구르트입니다. 이 식품에는 유산균(프로바이오틱스)과 유산균의 먹이가 되는 식이섬유(프리바이오틱스)가 풍부해 장 건강과 면역력을 높이는 데 효과적입니다.

종류		식품
식물성	프로바이오틱스 +프리바이오틱스	김치, 양배추김치(사워크라우트), 청국장, 된장, 간장, 낫또
동물성	프로바이오틱스	요구르트, 치즈

시판 간장, 된장, 고추장, 식초와 같은 조미료는 첨가물의 온상입니다. 전통적인 제조법대로 건강하게 자연 발효시킨 조미료만 사용해도 음식이 맛있답니다.

발효법을 쓰지 않고 저렴하게 만든 조미료는 부족한 맛을 메우기 위해 여러 가지 첨가물을 사용해 만듭니다. 식품을 구입할 때 식품 뒷면에 있는 성분표를 꼭 살펴보세요. 식품 성분표에 낯설고 어려운 명칭이 있다면 대부분 첨가물입니다. 이런 조미료로 음식을 하면 당연히 인공적인 맛이 납니다. 아무리 '집밥'이라도 인공 조미료와 첨가물로 범벅된 요리라면 결코 건강하지 않겠죠.

종류	고르는 법
식초	발효 식초, 천연 발효하여 첨가물이 없는 식초
된장	탈지대두가 아닌 대두와 물로만 만든 천연 발효한 된장
고추장	고춧가루, 메주가루, 쌀가루나 밀가루로만 천연 발효한 고추장
간장	대부분의 요리에 양조간장, 국에는 국간장이나 액젓, 조림과 찜에는 진간장을 사용. 다양한 종류의 간장이 없을 경우 양조간장 하나로 사용 가능.
소금	천일염 같은 비정제 소금. 죽염, 함초 소금, 히말라야 핑크 솔트 등
설탕	유기농 원당 같은 비정제 설탕. 올리고당, 조청, 꿀, 알룰로스, 아가베 시럽 등
기름	가열 조리법(볶음, 튀김) : 포도씨유, 아보카도유, 현미유, 기버터 비가열 조리법(샐러드) : 올리브유, 들기름, 참기름
마요네즈	올리브유 같은 좋은 기름을 사용하고 첨가물이 적은 마요네즈
케첩	토마토 함량이 많고 당분과 첨가물이 적은 케첩

9

드레싱, 양념, 소스는 직접 만든다

시판 드레싱과 소스는 다양한 첨가물로 맛을 내는 경우가 많습니다. 또한 장기간 보관을 위해 화학 첨가물과 불량한 오일을 사용하기도 하죠. 이는 건강을 해치고 칼로리를 높이는 주범입니다. 샐러드 재료가 아무리 신선해도 드레싱 선택을 잘못하면 건강에 아무런 효과가 없는 거죠. 집에서 요리할 때 직접 드레싱을 만들기만 해도 건강에 이롭고 맛도 좋은 요리가 가능합니다. 책에 소개한 샐러드 드레싱을 활용해보세요.

10

향신료를 적극 활용한다

허브 같은 향신료에는 특유의 향이 나는데, 이 향에 항염증 성분이 많습니다. 맛을 내는 데 활용하면 소금 섭취를 줄이는 데도 도움이 됩니다.

향신료	효과
들깨가루	식이섬유와 불포화지방 섭취를 늘림
허브가루	항염증 작용을 함(파슬리, 로즈마리, 바질 등)
강황 · 카레가루	항염증 작용을 함
생강	소화를 돕고 항염증 작용을 함

면역 밥상의 요리 원칙

어떤 식품을 선택하느냐 못지않게 어떻게 보관하고 요리하느냐에 따라 건강에 미치는 영향이 다르다는 것 알고 있나요? 식품을 잘 선택해도 보관과 요리 과정에서 염증을 높이는 식품으로 변할 수 있습니다. 불포화지방이 많은 건강한 들기름을 햇볕과 열에 노출한 상태로 보관하면 염증을 일으키는 트랜스지방으로 산화되는 것처럼 말이죠. 대표 면역 식품인 채소도 튀김요리를 하면 육류가 아니더라도 요리 과정에서 트랜스지방과 산화지질이 만들어져 염증을 일으키는 음식이 될 수 있습니다.

각종 미디어에서 앞다투어 식품의 영양성분과 효과만을 다루고 사람들도 개별 식품에만 관심 갖는 걸 보면 안타까울 때가 있어요. 아무리 좋은 식품도 내 몸이 어떻게 소화·흡수하느냐에 따라 결과가 다르니까요. 면역 밥상의 효과를 높이려면 좋은 재료뿐만 아니라 재료의 영양소 파괴를 줄이고 흡수를 높이는 방법으로 요리해야 합니다.

채소와 과일은 담금물에 세척한다

채소와 과일을 껍질째 먹으면 좋겠지만 잔류 농약 때문에 마음 놓고 먹기 어렵습니다. 그러나 껍질째 먹었을 때의 이득이 크니 염증을 일으는 잔류 농약 같은 환경유해물질을 줄이고 안전하게 먹는 방법을 실천해야겠죠.

가장 쉽고 확실한 방법은 농약 사용이 많은 채소와 과일의 경우 유기농식품을 구입하는 겁니다. 유기농이 아닌 채소와 과일이라면 담금물 세척을 해보세요. 담금물 세척은 식품이 물과 접촉하는 시간이 길어 효과적으로 잔류 농약과 이물질을 제거할 수 있습니다. 제가 집에서 하는 방법은 음식을 준비할 때 가장 먼저 채소와 과일을 물에 담가두는 거예요. 다른 재료의 준비를 마친 후 물에 담가둔 채소와 과일을 씻으면 농약 제거는 물론 시간 절약에도 도움이 됩니다.

담금물 세척법

① 세척 용기에 채소와 과일을 물에 1분 동안 담가둡니다.

② 물을 버린 후 다시 물을 받아 저어가며 30초 동안 세척합니다.

③ 2회 반복한 후 흐르는 물로 헹굽니다.

2

껍질째 요리해서 영양소 손실을 줄인다

껍질째 요리하면 식이섬유, 비타민, 미네랄, 파이토케미컬 섭취가 늘어나고 부수적으로 음식물 쓰레기도 줄어 장점이 많습니다. 대표적인 건강식으로 항상 거론되는 마크로비오틱이나 원시인 다이어트(Paleo diet)의 공통점도 껍질째 요리해 먹는 거예요. 인류 역사에서 가열하고 요리해서 식품을 섭취하는 방식은 처음부터 있었던 것은 아닙니다. 인간도 다른 생명체들처럼 자연에서 얻은 그대로를 섭취했지요. 가공되지 않은 상태로 음식을 먹었기 때문에 껍질에 함유된 풍부한 식이섬유, 비타민, 미네랄을 충분히 섭취할 수 있었습니다. 그러나 현대 사회는 조금 다르지요. 식품을 가공하고 요리해 먹는 현대인에게 영양 불균형은 필연적일 수밖에 없습니다.

식품의 가공과 요리로 손실되는 대표적인 영양소는 마그네슘이에요. 통밀을 도정해 흰 밀가루로 만드는 과정에서 마그네슘이 85퍼센트 손실됩니다. 마그네슘과 비타민 같은 미량 영양소는 세포의 에너지 대사에 필수적이기 때문에, 이러한 영양소가 부족하면 피로를 느끼고 만성질환을 앓게 됩니다.

식품 중 씻어서 그대로 먹는 잎채소(쌈채소, 케일, 청경채 등)는 자연스럽게 껍질째 먹게 되지만 뿌리채소(감자, 고구마, 당근, 무 등)는 대부분 껍질을 벗겨 요리하게 됩니다. 면역밥상을 차릴 때는 뿌리채소도 껍질째 사용해보세요. 채소 전용 솔로 뿌리채소의 흙을 깨끗이 씻고 껍질을 듬성듬성 깎아서 말이지요.

소화기관이 약하다면 통곡과 껍질째 먹는 식품의 양을 단계적으로 늘려가는 게 좋습니다. 현미 같은 통곡을 처음 먹기 시작할 때는 백미, 칠분도미, 오분도미를 섞어서 시작하세요. 처음에는 백미의 비율을 높게 했다가 점점 현미의 비율을 조금씩 높이는 식으로요. 물에 오랫동안 불려서 밥을 짓거나 발아를 시키면 소화에 훨씬 도움이 됩니다.

3 적은 물, 낮은 온도, 짧은 시간에 요리한다

식재료를 최소한으로 요리하면 영양소 손실을 줄이고 요리 과정에서 발생하는 독소도 줄일 수 있습니다. 요리 과정에서 가장 많이 파괴되는 영양소는 온도에 민감한 수용성 비타민이에요. 대표적으로 비타민 C와 비타민 B군(티아민, 엽산, 코발라민 등)이 있습니다. 비타민 C는 염증과 활성산소를 제거하는 역할을 합니다. 비타민 B군은 에너지를 만들고 신경세포의 활동을 촉진하는 역할을 하지요. 요리 과정에서 이러한 영양소가 파괴되면 아무리 음식을 먹어도 음식을 통해 섭취하는 영양소는 부족한 상태가 될 수 있어요. 예를 들어 감자를 끓이는 요리법에서는 칼륨이 10~15퍼센트 감소하지만 찌면 3~6퍼센트로 적게 손실됩니다. 같은 식품이더라도 어떠한 요리법을 사용하느냐에 따라 영양소 손실에 차이가 있고 영양소 파괴가 많은 요리법으로 인해 필요한 영양소가 부족해집니다. 현대인이 쉽게 피로하고 면역력이 떨어지는 것도 이러한 이유 때문이지요.

안타깝게도 식품의 모든 영양소를 고스란히 보전하는 완벽한 요리법은 없답니다. 요리를 최소화하여 영양소 파괴를 줄이는 것이 대안이 될 수 있어요. 제가 제안하는 방법은 오랜 시간 물에 부글부글 끓이는 국 형태로 요리하는 대신 짧은 시간, 적은 용량의 물로 요리하는 겁니다. 예를 들어 끓이는 것보다 조림, 데치기, 찜 형태가 영양 손실을 줄이는 데 도움이 됩니다. 특히 찜 요리는 영양소를 보존하는 최고의 요리법으로 열과 물에 민감한 수용성 비타민이 잘 보존됩니다.

간혹 미디어에서 '생으로 먹는 게 좋다' '익혀서 먹는 게 좋다'며 먹는 방법에 대해 상반된 의견을 들려주기도 합니다. 이때 가장 좋은 방법은 자신의 건강 상태에 맞춰 요리법을 선택하는 거예요. 비만과 대사증후군 같은 염증성질환이나 변비와 피로에 시달리는 경우라면 비타민, 미네랄, 식이섬유를 보충할 수 있게 샐러드 형태의 생채소로 먹는 방법이 적합합니다. 반면 소화가 잘 안 된다면 데치거나 쪄서 익히는 요리법이 도움이 됩니다. 미디어의 정보를 획일적으로 따라하기보다는 자신의 몸 상태를 알고 이에 맞게 요리법을 선택해보세요.

4 저열 요리로 당독소를 줄인다

고온에서 오랫동안 요리하면 영양소 파괴도 문제지만 에이지(AGEs, Advanced Glycation End products, 최종당화산물)라는 독소가 생기기 때문에 주의해야 합니다. 에이지는 당독소(Glycotoxin)라고도 하는데, 식품 속의 당분과 단백질이 요리 과정에서 열에 의해 화학반응을 일으켜 만들어집니다. 에이지는 일단 섭취하면 활성산소와 염증을 증가시

켜 당뇨와 심혈관질환 같은 만성질환을 유발합니다. 에이지라는 명칭답게 노화(Aging)도 빨라지죠.

고소하고 노릇노릇 잘 구워진 음식에 에이지가 많습니다. 특히 튀김과 구이 같이 수분 없이 고온에서 요리하면 에이지가 늘어납니다. 감자튀김, 군고구마, 겉이 바삭하게 구워진 빵, 쿠키와 토스트, 구운 고기와 군만두가 대표적이지요. 반면 찌거나, 데치거나, 삶는 요리법은 에이지 생성이 줄어듭니다. 같은 닭요리라도 백숙보다 프라이드치킨의 에이지가 약 8배 높고, 삶은 달걀에 비해 달걀프라이의 에이지가 약 100배 높습니다. 삶은 감자보다 프렌치프라이의 에이지가 약 90배 높아요.

에이지 생성을 줄이기 위해서는 수분이 있는 상태에서 낮은 온도로 요리하는 것이 좋습니다. 또한 같은 요리법이어도 레몬즙이나 식초 같은 산성식품을 추가하면 에이지 생성을 낮출 수 있어요.

식품의 종류도 에이지 생성에 영향을 줍니다. 지방과 단백질을 많이 함유한 육류는 요리 과정에서 에이지가 많이 생성됩니다. 반면 탄수화물이 풍부한 채소와 통곡류에서는 상대적으로 덜 만들어집니다. 채식 위주로 식사하는 것이 좋겠죠. 육류를 좋아한다면 구이보다 스튜처럼 수분이 있는 방법으로 요리하세요. 요리법을 바꾸고 소량 섭취하면 에이지 섭취량을 절반 이상 줄일 수 있습니다.

기름은 열을 가하면 트랜스지방으로 변하고, 식품은 고온에서 요리할수록 에이지 독소가 생깁니다. 이는 혈관의 콜라겐을 손상시키고 염증을 유발해 심혈관질환(고혈압, 뇌졸중, 심근경색 등)을 유발할 수 있어요.

혈관 건강을 위해 포화지방 섭취를 줄이는 것이 좋습니다. 포화지방을 함유한 닭고기와 오리고기 같은 가금류는 껍질을 제거하면 기름 섭취를 많이 줄일 수 있어요. 쇠고기와 돼지고기는 기름이 적은 안심 부위를 사용합니다. 육류 요리를 먹을 때 역시 튀기거나 구운 요리보다 찜이나 수육을 택하면 트랜스지방과 에이지 독소 생성을 줄일 수 있습니다. 다양한 채소와 버섯을 함께 먹어 육류 섭취를 줄이는 것도 좋은 방법이지요.

육류를 레몬과 청주 같은 산성성분 액에 30분 정도 담가둔 후 요리하면 지방과 단백질 체인이 분해되어 소화를 돕고 에이지 생성을 줄일 수 있습니다. 생강과 함께 수프나 스튜 형태로 요리하면 육류의 독소를 제거하는 효과가 있어요. 식이유황 성분을 가진 채소(마늘, 양파, 부추, 파, 셀러리)와 함께 섭취하면 간의 해독을 돕는 효과가 있습니다.

	염증을 높이는 조리법	→	염증을 줄이는 조리법
	튀김, 구이, 그릴		샐러드, 찜, 볶음
[예]	삼겹살 구이 프라이드 치킨 새우 튀김		삼겹살 수육 닭가슴살 샐러드 새우 찜

6

시판 조미료 대신 천연 재료로 맛을 낸다

집밥을 먹어도 건강하지 않은 조미료로 요리한다면 외식과 별반 다르지 않겠죠. 특히 조미료의 단맛은 '단맛 중독'이라는 말이 있을 정도로 쉽게 길들어지는 맛입니다. 단맛에 대한 미련이 강해서인지 '대체 당'에 대한 정보가 넘칩니다. 다양한 형태의 당마다 각각의 장단점이 있지만 결국 몸에서 혈당을 높이는 건 같습니다. 가정에서 흔히 대체 당으로 사용하는 매실청, 꿀, 올리고당 역시 마음 놓고 사용하는 것이 아니라 설탕의 대체재로서 소량만 써야 합니다.

면역 밥상을 차릴 때 설탕과 소금 사용량을 줄여 단맛과 짠맛의 자극적인 맛에서 벗어나보세요. 신선한 재료 자체의 맛에 익숙해지면 건강에 도움이 됩니다. 단맛은 대추와 고구마, 신맛은 발효식초와 매실, 톡 쏘는 맛은 생강과 마늘, 매운맛은 고추를 사용해 천연 재료로 맛을 낼 수 있습니다.

요리 도중 간을 하지 않는 것도 설탕과 소금 사용을 줄이는 방법입니다. 약간 싱거울 정도로 요리하되 양념을 별도로 준비하세요. 식사 중 필요에 따라 양념을 찍거나 추가해서 먹도록 합니다. 이러한 방법으로 재료 자체의 맛을 느끼게 되면 점점 익숙해져서 양념을 추가하지 않게 되고, 결과적으로 소금과 설탕 섭취를 줄이게 됩니다.

기름과 지방 성분 식품은 열과 빛을 피해서 보관한다

기름은 빛, 열, 산소와 접촉하면 산화 변질되어 트랜스지방이 됩니다. 특히 건강에 좋은 불포화지방이 많을수록 불안정한 화학구조로 인해 반응성이 높아 변질되기 쉬워요. 그러니 건강에 좋은 기름일수록 용도에 맞게 사용하고 보관을 잘 해야 합니다.

마트에서 기름을 고를 때 우선 고려할 점은 기름이 담긴 용기예요. 빛 노출을 막고 내분비교란물질인 환경호르몬을 줄이려면 플라스틱 용기 제품은 피하고 불투명한 유리병에 담긴 기름을 구입하는 것이 좋습니다. 구입 후 냉장고에 보관해 빛과 열을 차단하고, 되도록 소량씩 구입해서 신선한 상태로 짧은 시간에 사용하는 것이 건강하게 기름을 섭취하는 방법입니다.

지방 성분 식품은 공기에 접촉하거나 온도가 높을수록 산화가 빨라져 독소가 생깁니다. 버터, 우유, 고기 같이 포화지방을 함유한 식품도 공기와 접하지 않게 밀폐 용기에 담아 냉장고에 보관합니다.

기름은 이렇게 사용하세요!

볶음이나 튀김 같은 가열 요리에는 포도씨 오일 ,아보카도 오일, 현미유 등을 사용합니다. 발연점이 높아 높은 온도에서 타지 않는 성질로 변성이 덜 일어나기 때문입니다. 엑스트라버진 올리브유는 차갑게 먹는 샐러드용으로 사용하고 가열 요리에 사용할 때는 발연점이 높은 퓨어 올리브유를 선택하세요.

면역 밥상 차리기

면역 밥상의 식품 선택 원칙과 요리법 원칙을 적용해
한 끼 식사를 한 그릇으로 간편하게 제시했습니다.
면역력을 높이는 60가지 요리를 따라해보세요!

면역 밥상을 차리기 전에 확인하세요!

면역 밥상 레시피 특징

1) 영양 균형을 맞췄습니다

되도록 한 그릇으로 탄수화물, 지방, 단백질, 식이섬유를 모두 섭취할 수 있도록 레시피를 개발했습니다.

2) 요리 시간이 짧습니다

일품요리와 몇 가지 요리를 제외하고 되도록 30분 이내에 요리가 가능하도록 했습니다.

3) 구하기 쉬운 재료를 사용했습니다

낯선 고급 재료가 아닌 냉장고에 흔히 있는 재료를 사용해 면역 밥상을 쉽게 시작할 수 있도록 했습니다. 따로 장을 보는 번거로움 없이 바로 시도할 수 있어요.

4) 재료 낭비를 줄였습니다

다양한 요리에 활용도 높은 식재료를 사용했습니다. 남은 재료는 '192쪽 식재료별 레시피 찾아보기'를 참고해 다른 요리도 만들어보세요.

5) 비슷한 재료로 대체할 수 있습니다

레시피에 사용한 재료를 냉장고 안에 있는 비슷한 재료로 대체해도 맛이 크게 다르지 않아요. 대체 재료가 익숙해지면 재료에 변화를 주어 자신만의 레시피를 개발해보세요.

재료	대체 가능 재료
통밀가루	밀가루, 부침가루, 튀김가루
강황가루	카레가루
콜리플라워	브로콜리
양상추	청상추
쪽파	대파
발사믹식초	현미식초

6) 밥은 소화력에 따라 선택하세요

밥은 자신의 건강 상태, 식습관, 소화력에 따라 선택합니다. 소화가 안 될 경우 백미밥을, 과체중이나 비만할 경우 현미밥이나 잡곡밥을 사용하세요.

이러한 건강 효과가 기대돼요!

이 책의 모든 요리는 면역 밥상 원칙에 따라 구성되어 '면역력 강화'를 기대할 수 있습니다. 요리에 함유된 영양소에 따라 추가적으로 기대되는 건강 효과는 아이콘으로 표기해두었습니다.

기본 육수 만드는 법 (멸치다시마육수)

재료 : 국물용 멸치 60g, 다시마 10x10cm, 물 1L

① 냄비에 물, 멸치, 다시마를 넣고 뚜껑을 연 채로 센 불에서 5분간 끓인다.
(냉동 보관한 국물용 멸치는 팬에 한 번 볶거나 전자레인지에 넣고 30초간 돌린 후 사용하면 잡내와 비린내가 제거되어 국물 맛이 깔끔하다.)

② 다시마는 건져낸다. 뚜껑을 덮고 중간 불에서 15분간 더 끓인다.

TIP

- 레시피에서 다시마육수는 멸치를 빼고 다시마로만 만듭니다. 깔끔한 국물 맛을 원할 경우는 멸치를 빼고 만드세요.
- 한 번에 많이 만들어서 소분해 냉동실에 보관해두거나 시판 국물내기용 팩 또는 육수를 활용하면 편합니다.

재료 계량법 & 불 세기

※ 이 책의 레시피는 모두 2인분 기준입니다.

	기준	단위	눈대중량
재료 계량법	1공기	210g	밥 공기 기준
	1컵	180㎖	종이컵 기준
	1큰술	15㎖	밥숟가락 기준으로 가루와 장류는 윗면이 소복이 쌓일 정도. 액상류는 1과 1/2숟가락.
	1작은술	5㎖	티스푼 기준으로 가루와 장류는 윗면이 소복이 쌓일 정도. 액상류는 1과 1/2티스푼.
	식재료	무게(g)	재료 계량을 쉽게 할 수 있도록 가능한 눈대중(개, 장, 줌)으로 표기했으나 재료에 따라 크기와 중량이 다양할 경우(감자, 당근, 단호박, 양파, 새싹채소 등) 정확한 계량을 위해 무게(g)도 함께 표기하거나 무게만 표기.
불 세기	중간 불	불 세기는 '중간 불' 기준. 예외의 경우 불 세기(약한 불, 센 불) 표기.	

피로 회복 간 해독

바지락 채소 리조또

우유와 생크림 없이 담백하게 만든 리조또입니다. 유제품을 소화하지 못하거나 알레르기가 있다면 따라해보세요. 바지락살에는 피로 회복에 도움이 되는 타우린과 양질의 단백질이 풍부합니다. 버섯은 에너지 대사에 중요한 비타민 B군을 풍부하게 함유하고 있어 활력을 되찾는데 도움이 됩니다.

재료

현미쌀 1컵(180㎖)
바지락살 160g
표고버섯 2개
느타리버섯 1줌(40g)
양파 1/4개(50g)
애호박 1/5개(60g)
당근 1/10개(25g)
다진 마늘 1작은술
파슬리가루 약간
청주 1큰술
물 500㎖

만드는 법

1 쌀은 물에 30분간 불린다.
2 냄비에 물(500㎖)을 끓인 후 청주, 바지락살을 넣고 한소끔 더 끓인다. 바지락살은 건져두고 바지락살 삶은 육수는 그대로 둔다.
3 표고버섯, 느타리버섯, 양파, 애호박, 당근은 잘게 썬다.
4 달군 팬에 식용유를 두른 후 다진 마늘, 양파를 볶는다. 향이 올라오면 쌀을 넣는다.
5 ②의 육수를 조금씩 넣어가며 쌀알이 투명해질 때까지 볶는다.
6 쌀알이 거의 익으면 바지락살, 표고버섯, 느타리버섯, 당근, 애호박을 넣고 볶는다.
7 육수를 조금씩 부으며 저어가며 끓인다. 파슬리가루를 뿌려 완성한다.

TIP

- 쌀을 익힐 때 육수를 조금씩 부으면서 반복해서 익혀야 찰지게 익어요.
- 유제품 알레르기가 없다면 육수(절반 혹은 1/3 분량)를 생크림이나 우유로 대체해도 좋아요. 리조또 위에 치즈가루를 뿌리면 풍미가 짙어집니다.
- 육수를 사용해 간을 할 필요는 없지만 기호에 따라 소금, 후추를 더하세요.

간 해독 장 건강 피로 회복

버섯 새우 카레 볶음밥

버섯은 식이섬유, 단백질, 비타민 D가 풍부해서 면역력을 높이고 콜레스테롤을 낮추는 효과가 있습니다. 칼로리까지 낮아서 다이어트에도 좋아요. 타우린이 풍부한 새우와 함께 요리하면 간 해독과 피로 회복에 도움이 됩니다. 카레는 항암·항염 작용을 하는 커큐민이 풍부해요. 건강에 좋은 건 물론, 조미료 대신 사용하면 요리에 감칠맛을 낼 수 있답니다.

재료

현미밥 1과 1/2공기
새우살 10개
표고버섯 1개
양송이버섯 3개
새송이버섯 1/2개
양파 1/3개(70g)
당근 1/5개(50g)
카레가루 2큰술

만드는 법

1 표고버섯, 양송이버섯, 새송이버섯, 양파는 0.5cm로 썬다. 당근은 다지듯이 잘게 썬다.
2 달군 팬에 식용유를 두른 후 새우를 넣고 볶다가 어느 정도 익으면 건져낸다.
3 달군 팬에 식용유를 두른 후 양파, 당근을 볶는다. 양파가 투명해지고 향이 올라오면 표고버섯, 양송이버섯, 새송이버섯을 모두 넣고 볶는다.
4 밥과 새우를 넣고 새우가 노릇하게 익을 때까지 골고루 섞으며 볶는다.
5 카레가루를 넣고 섞일 정도로만 살짝 더 볶는다.

TIP

- 재료를 따로 볶은 후 한번 익혀서 밥과 볶으면 밥이 질어지지 않고 고슬고슬한 식감의 볶음밥이 돼요.
- 버섯은 냉장고에 있는 다양한 버섯을 활용하세요.

피부 건강 콜레스테롤 저하 혈관 건강

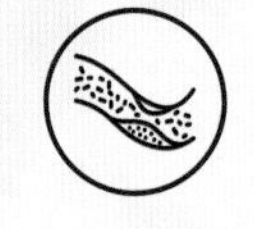

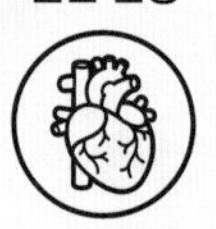

아보카도 명란 비빔밥

아보카도는 불포화지방산(리놀산, 올레인산)이 풍부해 콜레스테롤 수치를 낮추고 혈관 건강에 도움이 됩니다. 그러나 요리에 활용하기에 다소 낯선 재료일 수 있어요. 명란과 함께 요리하면 별다른 조리 없이 쉽게 아보카도의 느끼한 맛은 잡고, 영양 가득한 비빔밥을 만들 수 있답니다. 명란에는 비타민 D와 B1, B12가 들어 있어 피부 건강에 좋아요.

재료

현미밥 2공기
명란 2개(160g)
아보카도 1개
새싹채소 2줌(40g)
양상추 4장(40g)
참기름 약간

만드는 법

1. 명란은 길게 반으로 자른 후 알만 긁어낸다.
2. 양상추는 먹기 좋은 크기로 찢는다.
3. 아보카도는 껍질을 벗긴 후 과육만 발라내어 얇게 썬다.
4. 그릇에 밥을 담고 새싹채소, 양상추, 아보카도, 명란 순으로 올린 후 참기름을 뿌린다.

TIP

- 아보카도는 쉽게 변색되므로 먹기 직전에 손질하는 게 좋아요. 레몬즙을 뿌리면 변색을 막을 수 있어요.
- 아보카도가 단단한 경우 며칠간 실온에 두어 숙성시키세요. 껍질이 녹색에서 갈색으로 변하면 과육이 적당히 익어 있답니다.

피로 회복 간해독

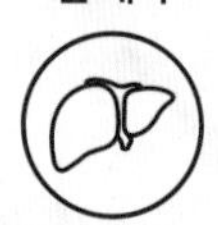

데리야키 닭고기 덮밥

요리 소개

쫄깃한 닭다리살로 식감을 살린 요리를 해보세요. 닭고기는 쇠고기보다 단백질 함량이 많습니다. 또한 근육에 지방이 섞여 있지 않아 맛이 담백하고 기름을 제거하기 쉽지요. 생강 향이 가득한 데리야키 소스는 입맛을 돋우고 소화를 돕습니다. 생강과 양파에 함유된 식이유황 성분은 특유의 톡 쏘는 맛을 내며 간을 해독하는 기능을 합니다.

재료

현미밥 2공기
닭다리살 300g
양상추 5장(50g)
양파 1/2개(100g)
대파 20cm

데리야키 소스
양조간장 1큰술
다진 생강 1큰술
된장 3/4큰술
통밀가루 1큰술
당 1과 1/2작은술

만드는 법

1 양상추는 한 입 크기로 찢는다. 양파, 대파는 채 썬다.
2 닭다리살은 한 입 크기로 썬 후 통밀가루를 묻혀 데리야키 소스에 재워둔다.
3 냄비에 식용유를 두른 후 양파를 넣고 부드러워질 때까지 센 불에서 볶는다.
4 중간 불로 줄인 후 닭다리살을 넣고 익을 때까지 볶는다.
5 그릇에 밥, 양상추, 양파, 닭다리살을 얹은 후 대파를 올린다.

TIP

- 재료에서 당은 유기농 원당, 올리고당, 조청, 꿀, 알룰로스, 아가베 시럽 등을 사용하세요.
- 닭고기는 부위별로 적합한 요리법을 사용하면 더 맛있게 먹을 수 있어요. 가슴살은 삶거나 구워서 샐러드로 먹기 좋고 다릿살은 구이, 조림, 볶음에 활용하세요. 뼈가 붙은 부위는 조림에 적합해요.

항산화 장 건강

모둠버섯 단호박 영양밥

밥 한 그릇으로 영양을 골고루 채울 수 있는 간편 영양밥입니다. 한 번에 많이 만들어서 냉동실에 보관해 두고 먹거나 바쁠 때 도시락으로 가지고 다니기 좋아요. 단호박은 대표적인 녹황색 채소예요. 강력한 항산화 물질인 베타카로틴이 풍부해 점막을 튼튼하게 하고 감기와 바이러스에 대한 저항력을 높여줍니다. 항산화 작용으로 면역력을 높이는 항암 식품이기도 해요.

재료

쌀 1과 1/2컵(270㎖)
밥물 1과 1/2컵(270㎖)
표고버섯 2개
양송이버섯 2개
새송이버섯 1/2개
단호박 1/2(100g)
대추 2개
껍질 벗긴 밤 4개
완두콩 30g

양념장

양조간장 5큰술
다진 대파 4큰술
깨 간 것 1큰술
다진 마늘 2작은술
다진 청·홍고추 4작은술
참기름 2작은술

만드는 법

1 쌀은 물에 30분간 불린다.
2 표고버섯과 양송이버섯은 4등분하고, 새송이버섯은 2cm 두께로 썬다.
3 단호박은 껍질을 듬성듬성 벗긴 후 2cm 크기로 깍둑썬다.
4 대추는 돌려 깎은 후 절반으로 썰고, 껍질 벗긴 밤도 절반으로 썬다.
5 압력밥솥에 모든 재료를 넣은 후 밥물(270㎖)을 붓고 밥을 짓는다.
6 취향에 따라 밥에 양념장을 1~2큰술 넣고 비벼 먹는다.

TIP

- 재료는 큼직하게 썰어야 밥을 짓는 동안 졸아들지 않아요.
- 압력밥솥에서 밥을 덜 때 단호박이 으깨질 수 있으니 단호박을 먼저 건져낸 후 밥 위에 얹어주세요.
- 완두콩은 다른 콩류와 달리 물에 불리지 않고 사용해서 요리에 활용하기 좋아요. 냉동실에 보관해 뒀다가 밥을 지을 때나 카레라이스를 만들 때 활용하면 단백질을 보충할 수 있어요.
- 영양밥을 매콤하게 먹고 싶을 경우 양념장에 고춧가루 2작은술을 추가하세요.

피부 건강 항산화

시금치 오므라이스

오므라이스는 다채로운 채소를 사용해 한 그릇으로 탄수화물, 단백질, 식이섬유를 골고루 챙길 수 있답니다. 녹황색 채소인 시금치는 베타카로틴, 비타민 C, 철분, 칼슘이 풍부해요. 항산화 작용을 하는 베타카로틴과 비타민 C의 상승 효과로 피부 건강에 특히 좋습니다. 성장기가 지난 나이에 칼슘 보충을 위해서는 우유가 아닌 시금치를 선택하세요.

재료

현미밥 1과 1/2공기
시금치 1과 1/2줌(60g)
달걀 4개
표고버섯 2개
파프리카 1/2개(80g)
케첩 약간

만드는 법

1 끓는 물에 시금치, 소금을 넣고 1~2분간 살짝 데친다. 시금치는 건져서 잘게 썬다.
2 볼에 달걀을 푼 후 시금치와 섞는다.
3 표고버섯, 파프리카는 잘게 다진다.
4 달군 팬에 식용유를 두른 후 표고버섯, 파프리카를 볶는다. 향이 올라오면 밥을 넣고 볶은 후 천일염, 후추로 간을 한다.
5 달군 팬에 식용유를 두른 후 ②의 재료를 넣고 약한 불에서 익힌다. 아랫면이 약간 익으면 ④의 볶음밥을 올려 달걀로 감싼다.
6 그릇에 담고 케첩을 뿌린다.

TIP

- 볶음밥, 카레라이스, 오므라이스를 만들 때는 밥 양을 1인분보다 적게 사용해야 적당해요.
- 시금치 대신 부추를 썰어 넣어도 좋아요.
- 달걀로 밥을 완전히 말지 않고 밥 주위를 감싸듯이 말면 모양이 잘 잡혀요.

혈관 건강 소화 촉진

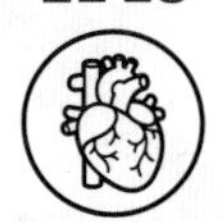

콩나물 무밥

콩은 필수아미노산을 모두 갖춰 '밭에서 나는 쇠고기'라고 불립니다. 콩이 발아하면 콩나물이 되는데, 콩나물에는 콩과 채소의 장점이 모두 있어요. 콩이 발아해 싹이 나면 비타민 C가 풍부해집니다. 소화 효소를 함유한 무와 함께 밥을 하면 소화와 영양 효과가 배가되지요.

재료

쌀 2컵(360㎖)
밥물 1과 1/2컵(270㎖)
콩나물 1봉지(200g)
무 1/10(150g)
다진 쇠고기 100g
당근 1/3개(70g)

양념장

양조간장 5큰술
다진 대파 4큰술
깨 간 것 1큰술
다진 마늘 2작은술
다진 청·홍고추 4작은술
참기름 2작은술

만드는 법

1 무는 굵게, 당근은 가늘게 채 썬다.
2 전기밥솥에 쌀, 콩나물, 무, 밥물(270㎖)을 넣고 밥을 짓는다.
3 달군 팬에 식용유를 두른 후 당근을 볶는다.
4 쇠고기는 천일염, 추후로 간해서 팬에 볶는다.
5 볼에 양념장 재료를 섞는다.
6 밥이 다 되면 당근, 쇠고기를 올리고 양념장을 곁들인다.

TIP

- 밥을 지을 때 콩나물과 무에서 물이 나오기 때문에 밥물을 적게 넣어야 밥이 질지 않고 맛있게 됩니다.
- 전기밥솥이 아닌 솥을 이용할 경우 물을 조금 더 추가합니다.
- 매콤한 맛을 원할 경우 양념장에 고춧가루 2작은술을 추가합니다.

피로 회복 콜레스테롤 저하 장 건강

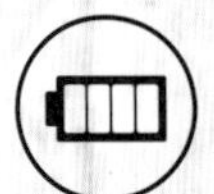

팽이버섯 덮밥

팽이버섯은 버섯 특유의 향이 강하지 않아 요리에 활용하기 좋고 아이들이 먹기에도 좋아요. 팽이버섯에 함유된 비타민 B1은 탄수화물 대사를 촉진해 피로 회복을 돕고 식욕을 돋구는 효과가 있어요. 또한 식이섬유가 풍부해 콜레스테롤을 낮추고 변비 예방에도 좋습니다. 피곤해서 식욕이 없을 때 후다닥 만들어보세요.

재료

현미밥 2공기
팽이버섯 2봉지(300g)
양파 1/2개(100g)
대파 10cm
달걀 2개
검은깨 약간

양념

양조간장 4큰술
당 1과 1/2작은술
청주 1큰술
다진 생강 약간

만드는 법

1 팽이버섯은 먹기 좋은 크기로 썬다.
2 양파는 채 썰고, 대파는 송송 썬다.
3 볼에 달걀을 푼다.
4 다른 볼에 양념 재료를 섞는다.
5 달군 팬에 식용유를 두른 후 양파를 넣고 투명해질 때까지 볶는다.
6 팽이버섯, 대파, 달걀, 양념을 넣고 볶는다.
7 밥 위에 얹은 후 검은깨를 뿌린다.

TIP

- 재료에서 당은 유기농 원당, 올리고당, 조청, 꿀, 알룰로스, 아가베 시럽 등을 사용하세요.
- 팽이버섯은 오래 익히면 물러지기기 때문에 살짝만 익혀야 식감이 좋아요.
- 팽이버섯은 양송이버섯, 느타리버섯, 표고버섯으로 대체해도 좋아요.

장 건강

항산화

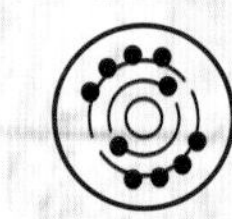

콜리플라워 두유 카레라이스

콜리플라워에 함유된 비타민 C는 가열해도 쉽게 파괴되지 않는 장점이 있어요. 식이섬유도 풍부해서 장 속 노폐물 배출에 효과적이랍니다. 낯선 식재료지만 건강을 위해 요리에 활용해 보세요.

재료

현미잡곡밥 1과 1/2공기
콜리플라워 2/3송이(150g)
닭안심살 100g
양송이버섯 3개
양파 1/2개(100g)
당근 1/3개(70g)
카레가루 5큰술
두유 1팩(200㎖)
물 300㎖

만드는 법

1 콜리플라워는 세로로 크게 썰고, 작은 송이는 그대로 사용한다.
2 닭안심살, 양송이버섯, 양파, 당근은 먹기 좋은 크기로 썬다.
3 볼에 두유, 카레가루를 넣고 덩어리가 생기지 않게 풀어준다.
4 냄비에 식용유를 두른 후 양파, 당근을 볶다가 닭안심살을 넣고 볶는다.
5 재료가 적당히 익으면 물(300㎖)을 붓고 충분히 끓인다.
6 불을 끄고 ③의 카레가루를 푼 두유를 넣고 약한 불에서 저어가며 끓인다.
7 바글바글 끓으면 콜리플라워, 양송이버섯을 넣고 저어가며 살짝만 더 끓인다.

TIP

- 콜리플라워 대신 브로콜리를 사용해도 좋아요.
- 콜리플라워와 양송이버섯은 금방 익으니 가장 나중에 요리해야 식감이 좋아요.
- 카레라이스를 만들 때 물 대신 두유를 사용하면 단백질 섭취를 늘리고 풍미도 짙어집니다.

연어장 덮밥

연어는 고단백 저칼로리 식품으로 유명합니다. 피로 회복에 효과적인 비타민 B1과 피부, 머리카락, 손톱 건강에 좋은 비타민 B2가 풍부해요. 짭조름한 양념에 하루 정도 숙성하면 더욱 쫄깃하고 연어 특유의 비린내도 나지 않아 한 그릇 뚝딱입니다.

재료

현미밥 2공기
연어 200g
채 썬 양파 1/2개(100g)
새싹채소 2줌(40g)
와사비 약간

양념
양조간장 5와 1/2큰술
청주 2와 1/2큰술
당 1과 1/2큰술
다시마 10x10cm 1장
물 120㎖

만드는 법

1 끓인 물(120㎖)에 다시마를 넣고 10분간 우려낸 후 건져낸다.
2 ①에 나머지 양념 재료를 넣고 끓인다. 물이 끓으면 불을 끄고 식힌다.
3 ②의 양념장이 완전히 식으면 유리 보관용기에 연어와 함께 넣고 냉장고에서 하루 정도 숙성시킨다.
4 그릇에 밥, 연어장, 채 썬 양파, 새싹채소를 담고 와사비를 곁들인다.

TIP

- 재료에서 당은 유기농 원당, 올리고당, 조청, 꿀, 알룰로스, 아가베 시럽 등을 사용하세요.

혈관 건강 피부 건강 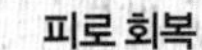 피로 회복

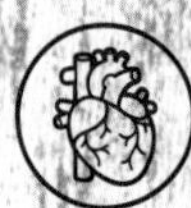  

오리고기 덮밥

오리고기는 다른 육류와 달리 불포화지방산이 풍부해 피부와 혈관 건강에 도움이 됩니다. 또한 필수 아미노산이 풍부해 피로 회복에 효과적이지요. 생강과 깻잎으로 오리고기 특유의 향을 잡으면 먹기도 좋고 항염 효과도 높일 수 있어요.

재료

흑미밥 2공기
오리고기 320g
양파 1/2개(100g)
당근 1/5개(50g)
깻잎 4장
청주 2작은술
다진 생강 2작은술

양념

고추장 4큰술
케첩 2큰술
양조간장 2작은술
당 1작은술

만드는 법

1 오리고기는 먹기 좋은 크기로 썬 후 청주, 다진 생강, 후추를 뿌려 재워둔다.

2 양파, 당근, 깻잎은 채 썬다.

3 달군 팬에 식용유를 두른 후 양파를 볶다가 투명해지면 오리고기, 당근을 넣고 볶는다.

4 오리고기가 익으면 양념 재료를 넣고 볶는다.

5 밥 위에 얹고 깻잎을 올려 마무리한다.

TIP

- 재료에서 당은 유기농 원당, 올리고당, 조청, 꿀, 알룰로스, 아가베 시럽 등을 사용하세요.

혈관 건강 콜레스테롤 저하

참치 볶음밥

참치에는 필수 불포화지방인 DHA와 EPA가 풍부해 콜레스테롤 저하와 혈관 건강에 도움이 됩니다. 특히 어류 중에 DHA 함유량이 가장 높아서 뇌 건강에 도움이 됩니다. 집에서 생선을 요리하기 마땅치 않다면 통조림 참치를 대안으로 활용할 수 있습니다. 다양한 색상의 채소를 더해 균형 잡힌 영양을 섭취해보세요.

재료

현미밥 1과 1/2공기
참치 1캔(100g)
애호박 1/6개(50g)
양파 1/4개(50g)
파프리카 1/4개(40g)
당근 1/10개(25g)
깻잎 4장
달걀 2개
검은깨 1작은술
참기름 약간

만드는 법

1 참치는 캔의 기름을 빼서 준비한다.
2 애호박, 양파, 파프리카, 당근은 잘게 다진다. 깻잎은 채 썬다.
3 팬에 식용유를 두른 후 애호박, 양파, 파프리카, 당근을 넣고 볶는다.
4 어느 정도 익으면 참치, 현미밥, 깻잎을 넣고 볶은 후 천일염과 후추로 간을 한다.
5 팬에 달걀프라이를 한다.
6 그릇에 모두 올린 후 참기름, 검은깨를 뿌린다.

TIP

- 통조림 참치를 고를 때는 올리브유(오메가3지방산 함유)를 사용한 제품을 선택하세요. 옥배유를 사용한 제품은 오메가6지방산 함량이 높아 피하는 것이 좋아요.
- 남은 참치는 반드시 다른 용기에 옮겨 보관하세요.

굴밥

굴은 성장에 꼭 필요한 미네랄, 비타민, 아미노산이 풍부해 '바다의 우유'라고 불립니다. 특히 면역과 세포 재생에 필수적인 아연을 가득 함유하고 있어요. 다양한 채소와 함께 밥을 지으면 별다른 반찬 없이도 맛있는 면역 밥상이 완성됩니다. 전기밥솥으로 쉽고 간편하게 굴밥을 지어보세요.

재료

쌀 2컵(360㎖)
밥물 250㎖
굴400g
무 1/10개(150g)
당근 1/3개(70g)
청주 1큰술

양념장
양조간장 5큰술
다진 대파 4큰술
깨 간 것 1큰술
다진 마늘 2작은술
다진 청·홍고추 4작은술
참기름 2작은술

만드는 법

1 무는 굵게 채 썰고, 당근은 먹기 좋은 크기로 썬다.
2 굴은 소금물(소금 1큰술)에 담가 씻은 후 물기를 뺀다.
3 전기밥솥에 쌀, 밥물, 무, 당근, 굴, 청주를 넣은 후 밥을 짓는다.
4 볼에 양념장 재료를 섞는다.
5 밥이 다 되면 그릇에 담고 양념장을 곁들여 먹는다.

TIP

- 밥을 지을 때 채소와 굴에서 물이 나오기 때문에 밥물을 적게 넣어야 밥이 질지 않고 맛있게 됩니다.
- 전기밥솥 대신 솥으로 밥을 할 경우 물을 조금 더 추가해주세요.
- 매콤한 맛을 원할 경우 양념장에 고춧가루 2작은술을 추가합니다.

장 건강
간 해독
항산화
케일 쌈밥

칼슘의 대표 식품으로 우유를 떠올리는 경우가 많지만 케일을 꼭 기억해주세요. 케일은 칼슘은 물론 베타카로틴이 풍부해 항암·항염 효과가 탁월합니다. 쌈으로 먹으면 다양한 속재료의 영양을 골고루 섭취할 수 있고 맛 또한 좋지요.

재료

현미밥 2공기
케일 20장
양송이버섯 4개
애호박 1/3개(100g)
파프리카 1/3개(70g)

양념장
된장 1큰술
고추장 1/2큰술
당 2작은술
참기름 2작은술
통깨 1/2작은술

만드는 법

1 케일은 소금물에 살짝 데친다.
2 양송이버섯, 애호박, 파프리카는 잘게 다진다.
3 볼에 양념장 재료를 섞는다.
4 달군 팬에 식용유를 두른 후 양송이버섯, 애호박, 파프리카, 천일염 약간을 넣고 볶는다.
5 볼에 현미밥과 ④의 볶은 채소를 넣고 골고루 섞는다.
6 데친 케일에 ⑤를 올려 한 입 크기로 돌돌 만다.

TIP

- 재료에서 당은 유기농 원당, 올리고당, 조청, 꿀, 알룰로스, 아가베 시럽 등을 사용하세요.
- 케일을 데치는 것이 번거롭다면 볼에 케일을 넣고 뜨거운 물을 부은 후 건져주세요.
- 케일 대신 머위를 사용하면 색다른 향을 느낄 수 있고 맛있답니다.
- 다진 쇠고기나 두부를 추가하면 단백질 섭취를 늘리고 든든하게 먹을 수 있어요.

다이어트 피부 건강

아보카도 연어 김밥

요리 소개

 밥

아보카도, 연어, 달걀로 만든 키토제닉 김밥입니다. 키토제닉이란 탄수화물 섭취는 줄이고 건강한 지방 섭취는 늘려 체중조절에 효과적인 식사법이에요. 오이로 상큼한 맛과 아삭한 식감을 더해 더욱 맛있습니다.

재료

현미밥 1과 1/2공기
연어 100g
달걀 3개
아보카도 1개
오이 1/3개(70g)
김밥용 김 2장

밥 양념

당 1/2큰술
식초 1/2큰술
천일염 약간

만드는 법

1 연어는 먹기 좋은 두께로 길게 썬다.

2 아보카도는 껍질을 벗긴 후 과육만 발라내어 얇게 썬다.

3 오이는 채 썬다.

4 볼에 현미밥, 밥 양념 재료를 넣고 골고루 버무린다.

5 다른 볼에 달걀을 푼다.

6 달군 팬에 식용유를 두른 후 달걀물을 부어 지단을 부친다. 한 김 식힌 후 채 썬다.

7 김발 위에 김, 밥, 연어, 달걀 지단, 아보카도, 오이를 올려 돌돌 말아준다. 참기름을 바른 후 먹기 좋은 두께로 썬다.

TIP

- 재료에서 당은 유기농 원당, 올리고당, 조청, 꿀, 알룰로스, 아가베 시럽 등을 사용하세요.
- 밥을 김 면적의 2/3까지 골고루 얇게 펴야 재료가 빠지지 않게 말 수 있어요.

피로 회복

소화 촉진

대구살 호두죽

죽은 입맛이 없을 때 간단히 먹기 좋지요. 소화가 잘 되는 장점이 있지만 탄수화물 위주의 식사가 걱정될 수 있습니다. 그럴 때는 대구살을 사용해보세요. 대구살은 담백한 맛의 생선으로 저지방 고단백 식품입니다. 불포화지방산이 풍부한 호두를 더해 면역 밥상을 차려보세요.

재료

쌀 3/5컵(120㎖)
대구살 100g
호두 6개
당근 1/10개(25g)
피망 1/8개(20g)
물 700㎖

만드는 법

1 쌀은 물에 30분간 불린다.
2 끓는 물에 대구살을 데친 후 살짝 으깨어 천일염, 후추를 약간 뿌려둔다.
3 당근, 피망은 잘게 다진다.
4 믹서에 불린 쌀, 호두를 넣고 약간만 간다.
5 냄비에 물(700㎖), ④를 넣고 끓이다가 쌀알이 풀어지면 당근, 피망, 대구살을 넣고 끓인다. 끓일 때 죽이 너무 되면 물을 조금 더 붓는다.
6 기호에 따라 소금으로 간을 한다.

TIP

- 대구살은 오래 익히지 않고 살짝만 데쳐서 사용해야 식감이 쫄깃해요.

혈관 건강 소화 촉진 항산화

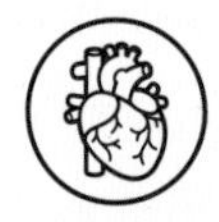

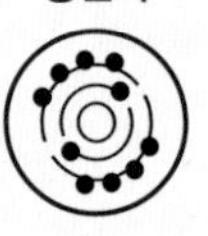

시금치 감자 수프

고소한 맛이 일품인 감자는 수프에 자주 사용됩니다. 감자에 함유된 비타민 C는 가열해도 파괴되지 않아 수프 요리에 적합하지요. 수프에 두유를 넣으면 풍미와 영양이 배가됩니다. 소화가 쉬워 아침저녁 가벼운 식사로도 좋아요. 크림과 밀가루를 사용하지 않아 담백합니다.

재료

감자 2개(280g)
시금치 1과 1/2줌(60g)
양파 2/3개(140g)
마늘 6개
두유 1팩(200㎖)
물 300㎖
기버터 약간
잣 14개

만드는 법

1 감자, 양파는 1cm 크기로 깍둑 썬다. 마늘은 편 썬다.
2 끓는 물에 시금치를 1~2분간 데친 후 잘게 썬다.
3 달군 냄비에 기버터를 녹인 후 양파, 마늘을 볶는다. 향이 올라오면 감자를 넣고 볶는다.
4 ③의 재료가 적당히 익으면 물(300㎖), 두유, 시금치를 넣고 저어가면서 끓인다.
5 감자가 부드럽게 익으면 모두 믹서에 넣고 곱게 간 후 천일염으로 간을 한다.
6 그릇에 담은 후 잣을 올린다.

TIP

- 기버터는 유당과 우유 단백질을 최소화한 정제 버터입니다. 우유 성분에 민감한 분에게 도움이 됩니다. 기버터가 없다면 일반 버터, 포도씨유, 아보카도유, 현미유로 대체하세요.

피로 회복 항산화

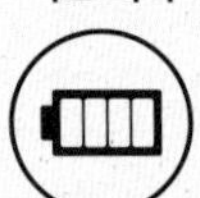

브로콜리 두부 수프

요리 소개

단백질이 풍부한 수프입니다. 브로콜리는 감자의 7배나 되는 비타민 C를 함유하고 있어요. 브로콜리 100g만 먹어도 비타민 C 하루 필요량을 섭취할 수 있습니다. 소화가 잘 되기 때문에 가벼운 아침저녁 식사대용으로 먹기 좋아요.

재료

브로콜리 1/2개(100g)
두부 1/4모(100g)
감자 1/2개(70g)
두유 1팩(200㎖)
채소 삶은 물 200㎖
아몬드 슬라이스 약간

만드는 법

1 브로콜리, 두부, 감자는 먹기 좋은 크기로 썬다.

2 끓는 물에 소금, 브로콜리를 넣어 데친 후 건져낸다.

3 ②의 물에 감자를 넣고 살짝 삶아 건져낸다.
채소 삶은 물은 그대로 둔다.

4 믹서에 브로콜리, 두부, 감자, 채소 삶은 물(200㎖)를 넣고 곱게 간다.

5 냄비에 ④, 두유를 넣고 저어가면서 끓인다.
되직한 느낌이 들 때까지 약한 불에서 저어가면서 끓인다.

6 그릇에 담고 아몬드 슬라이스를 올린다. 취향에 따라 천일염과 후추로 간을 한다.

피로 회복 간 해독

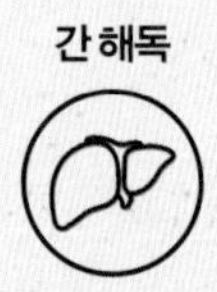

채소 수프

요리 소개

채소로만 만든 디톡스 수프입니다. 컨디션이 저조할 때 먹으면 땀이 나면서 몸이 회복되는 느낌이 들 거예요. 셀러리의 독특한 향은 세다놀리드와 세네린이라는 정유 성분으로, 식욕을 돋우고 신경 안정에 탁월한 작용을 합니다.

재료

감자 1개(140g)
양파 1/4개(50g)
당근 1/5개(50g)
토마토 1개(180g)
셀러리 40cm
마늘 2개
월계수 잎 1개
물 500㎖

만드는 법

1 양파, 당근, 토마토, 감자는 1cm 크기로 깍둑 썬다.
2 셀러리는 송송 썬다. 마늘은 편 썬다.
3 달군 팬에 올리브유를 두른 후 마늘, 양파를 볶는다.
4 향이 올라오면 감자, 당근, 토마토, 셀러리를 넣고 감자가 적당히 익을 때까지 볶는다.
5 냄비에 물(500㎖), ④, 월계수 잎을 넣고 끓인다.
6 채소가 충분히 익으면 천일염과 후추로 간을 한다.

빈혈 예방

혈관 건강

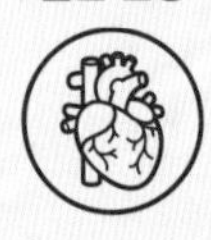

토마토 쇠고기 수프

요리 소개

몸이 으슬으슬하고 컨디션이 좋지 않을 때 추천하는 수프입니다. 몸에 부족한 기력을 보충하는데 좋아요. 토마토의 신맛이 위액 분비를 촉진해 소화를 돕고, 칼륨이 체내 염분을 배출해 혈압을 안정시키는 효과가 있어요. 우유와 밀가루가 들어가지 않아 담백하고 속이 편합니다.

재료

토마토 2개(360g)
쇠고기 살코기 100g
감자 1개(140g)
양파 1/2개(100g)
마늘 4개
월계수 잎 2장
다시마육수 500*ml*
청주 1큰술
파슬리가루 약간

만드는 법

1 토마토, 감자, 양파는 1cm 크기로 깍둑 썬다. 마늘은 편 썬다.
2 쇠고기는 청주를 뿌려두었다가 먹기 좋은 크기로 썬다.
3 달군 팬에 식용유를 두른 후 마늘, 양파를 볶는다.
4 향이 올라오면 감자, 천일염을 넣고 볶는다.
5 감자가 반 정도 익으면 쇠고기를 넣고 볶는다.
6 쇠고기가 적당히 익으면 토마토를 넣고 토마토의 물이 나올 때까지 볶는다.
7 냄비에 다시마육수, ⑥의 재료, 월계수 잎을 넣고 충분히 익을 때까지 끓인다.
8 그릇에 담은 후 파슬리가루를 뿌린다. 기호에 따라 천일염, 후추로 간을 한다.

TIP

- 국물이 많은 수프를 원할 경우 육수를 좀더 추가합니다.

콜레스테롤 저하 다이어트 장 건강

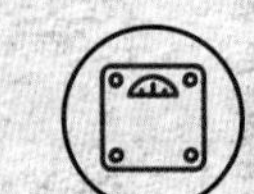

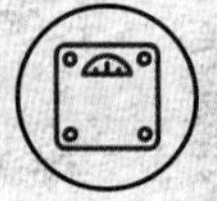

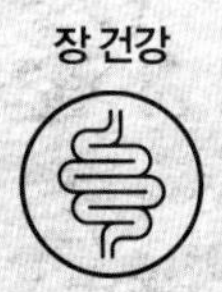

곤약 국수

곤약은 97퍼센트가 수분으로 이루어져 있어요. 칼로리가 매우 낮아서 대표적인 다이어트 식품입니다. 영양은 거의 없지만 식이섬유가 풍부해 장 운동을 활발하게 하고 장 속 노폐물과 독소를 배출시키는데 효과적입니다. 혈당과 콜레스테롤 수치를 낮추는 효과도 있어요.

재료

실곤약 2팩(400g)
얼린 두부 1/4모(100g)
애호박 1/6개(50g)
알배추 4장
느타리버섯 1줌(40g)
당근 1/7개(35g)
양파 1/4개(50g)
홍고추 2/3개
다진 마늘 2/3큰술

육수

멸치다시마육수 500㎖
액젓 1큰술
천일염 약간

만드는 법

1 얼린 두부는 상온에서 해동시킨 후 키친타월로 눌러 물기를 제거한다.
2 실곤약은 끓는 물에 살짝 데친 후 물기를 뺀다.
3 애호박, 당근, 양파, 알배추, 두부는 먹기 좋은 크기로 썬다. 느타리버섯은 먹기 좋은 크기로 뜯는다. 홍고추는 어슷 썬다.
4 달군 팬에 식용유를 두른 후 두부를 넣고 노릇하게 굽는다. 구운 두부는 따로 덜어둔다.
5 다시 달군 팬에 식용유를 두른 후 다진 마늘을 볶는다. 향이 올라오면 애호박, 당근, 양파, 알배추, 버섯을 넣고 볶는다. 소금과 후추로 간을 한다.
6 냄비에 멸치다시마육수가 끓으면 액젓, 천일염으로 간을 한다.
7 그릇에 실곤약, ⑥의 육수, 볶은 채소, 구운 두부를 담은 후 홍고추를 올려 완성한다.

TIP

- 액젓이 없을 경우 국간장으로 대체하세요.
- 두부는 얼리면 단백질 함량이 더 높아지고 쫄깃한 식감이 살아납니다.

콜레스테롤 저하 장 건강

채소 우동

면 요리는 탄수화물 위주의 식사가 되기 쉽지요. 특히 우동은 면만 먹으면 혈당이 급격하게 오르는 염증 유발 음식이 됩니다. 다양한 채소를 듬뿍 넣어서 탄수화물 폭탄이 아닌 식이섬유가 풍부한 요리로 바꿔보세요. 생강에 있는 매운맛 성분인 진저론과 쇼가올은 위액 분비를 촉진해 소화를 도와줍니다.

재료

삶은 우동면 2인분(460g)
돼지고기 뒷다리살 140g
알배추 2장
청경채 2개
당근 1/5개(50g)
팽이버섯 1줌(40g)
느타리버섯 1줌(40g)
대파 5cm
국간장(또는 액젓) 1작은술
멸치다시마육수 500ml

고기 양념
간장 1작은술
다진 생강 1/2작은술
후추 약간

만드는 법

1 알배추와 당근은 채 썰고, 대파는 송송 썬다. 팽이버섯, 느타리버섯은 먹기 좋은 크기로 뜯는다.
2 돼지고기 뒷다리살은 채 썬다.
3 달군 팬에 식용유를 두른 후 돼지고기, 고기 양념을 넣고 센 불에서 볶는다.
4 돼지고기가 익으면 당근, 알배추, 청경채, 버섯을 넣고 볶는다.
5 냄비에 멸치다시마육수를 끓이다가 국간장(또는 액젓)을 넣고 한소끔 끓인다. 천일염으로 간을 한다.
6 그릇에 모든 재료를 담는다.

TIP

- 냉동 우동면은 끓는 물에 1~2분간 삶아서 사용하세요.
- 돼지고기 대신 얼린 두부나 표고버섯을 사용하면 식물성 식품으로 육류의 쫄깃한 식감을 대체할 수 있어요.

간 해독 장 건강 피로 회복

볶음 쌀국수

쌀은 알레르기를 유발하는 글루텐 단백질이 없는 곡물입니다. 밀가루 면에 비해 혈당 지수가 낮고 염증 유발이 적어 건강하게 국수 요리를 먹을 수 있지요. 아삭한 맛을 담당하는 숙주나물에는 비타민 C와 식이섬유가 풍부해요. 비타민 C는 콜라겐 형성을 촉진해 피부 건강에 좋고 식이섬유는 배변 활동에 도움이 됩니다.

재료

쌀국수 150g
새우살 16개
숙주나물 3줌(150g)
당근 1/5개(50g)
양파 1/4개(50g)
부추 1줌(40g)
달걀 2개
다진 마늘 1/2큰술

양념
굴소스 2큰술
액젓 2큰술
레몬즙 1큰술
당 2작은술
후추 약간

만드는 법

1 끓는 물(1.5L)에 쌀국수를 2분간 끓인 후 찬물에 헹궈 체에 밭쳐둔다.
2 당근, 양파는 채 썬다. 부추는 4cm 길이로 썬다.
3 볼에 양념 재료를 섞는다.
4 팬에 식용유를 두른 후 달걀로 스크램블을 만들어 덜어둔다.
5 다시 팬에 식용유를 두른 후 쌀국수를 넣고 쌀국수가 부드러워질 때까지 볶는다. 중간중간 물을 넣어 쌀국수를 풀어가며 볶은 후 덜어둔다.
6 다시 팬에 식용유를 두른 후 다진 마늘을 볶다가 새우, 당근, 양파를 넣고 볶는다.
7 재료가 익으면 쌀국수, 스크램블, 양념을 넣고 볶는다.
8 불을 끈 후 숙주나물, 부추를 넣고 남은 열에서 볶는다.

TIP

- 재료에서 당은 유기농 원당, 올리고당, 조청, 꿀, 알룰로스, 아가베 시럽 등을 사용하세요.

다이어트 피로 회복

볶음 두부 국수

두부면으로 만든 단백질 듬뿍 볶음 국수입니다. 다이어트에 도움이 되고 만들기도 간편해요. 부추는 톡 쏘는 맛의 알리신 성분을 함유하고 있어 피로 회복과 체력 향상에 도움이 됩니다.

재료

두부면 2팩(200g)
숙주나물 2줌(100g)
부추 2줌(80g)
양파 1/2개(100g)
당근 1/7개(35g)
대파 10cm
생강 1/2쪽(2g)

양념

굴소스 2와 1/2큰술
양조간장 1과 1/2큰술
당 2와 1/2작은 술
다진 마늘 2와 1/2작은 술
참기름 2작은술

만드는 법

1. 숙주나물, 부추는 먹기 좋은 크기로 썬다.
2. 양파, 당근, 대파, 생강은 채 썬다.
3. 두부면은 물에 헹군 후 체에 밭쳐 물기를 뺀다.
4. 볼에 양념 재료를 섞는다.
5. 달군 팬에 식용유를 두른 후 생강, 대파, 양파를 볶는다.
6. 향이 올라오면 당근, 부추, 숙주나물, 두부면, 양념을 넣고 볶는다.

TIP

- 재료에서 당은 유기농 원당, 올리고당, 조청, 꿀, 알룰로스, 아가베 시럽 등을 사용하세요.
- 매콤한 맛을 원할 경우 양념에 고추기름 1큰술을 추가합니다.

콜레스테롤 저하

다이어트

두부면 잡채

면 요리를 먹다보면 체중 관리에 어려움을 겪곤 합니다. 밀가루 면 대신 콩으로 만든 두부면을 활용하면 탄수화물은 적고 단백질이 풍부한 요리가 되지요. 콩은 식물성 단백질로 다이어트에도 도움이 되고 다양한 채소와 함께 요리하면 콜레스테롤 조절에도 좋습니다. 두부면은 삶는 과정이 필요 없어 조리가 간편하고, 쫄깃한 식감이 좋아요.

재료

두부면 2팩(200g)
쇠고기 100g
청경채 6개
양파 1/4개(50g)
파프리카 2/3개(140g)
표고버섯 2개

고기 양념

진간장 3큰술
참기름 3큰술
당 1큰술
다진 마늘 1과 1/2작은술

만드는 법

1 쇠고기는 고기 양념으로 밑간한다.
2 두부면은 물에 헹군 후 체에 밭쳐 물기를 뺀다.
3 양파, 파프리카, 표고버섯은 채 썬다. 청경채는 먹기 좋은 크기로 썬다.
4 팬에 식용유를 두른 후 쇠고기를 볶는다.
5 양파, 파프리카, 표고버섯, 청경채를 넣고 볶는다.
6 재료가 익으면 두부면을 넣고 골고루 섞듯이 볶는다.

TIP

- 재료에서 당은 유기농 원당, 올리고당, 조청, 꿀, 알룰로스, 아가베 시럽 등을 사용하세요.
- 진간장이 없을 경우 양조간장으로 대체하세요.
- 두부면은 오래 익히면 풀어지기 때문에 볶음 요리에 적합해요. 요리 마지막에 넣고 양념이 배일 정도로만 볶아 줍니다.

간 해독 콜레스테롤 저하

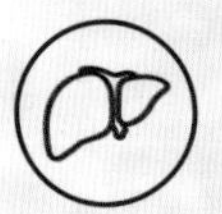

명란 마늘 파스타

어묵과 명란으로 만든 퓨전 파스타입니다. 통밀 스파게티 면을 꼬들꼬들 씹힐 정도로 익히면 일반 스파게티 면에 비해 혈당을 천천히 높여 좀더 건강하게 먹을 수 있어요. 식이유황이 풍부한 마늘과 양파를 듬뿍 넣어 간 해독과 콜레스테롤 저하에 도움이 돼요. 강황가루로 간을 하면 느끼한 맛을 잡고 항염증 효과를 높일 수 있어요.

재료

통밀 스파게티 면 200g
명란젓 2개
어묵 120g
마늘 10개
양파 1/3개(70g)
페페론치노 1~2개(생략 가능)
루꼴라 1줌(30g)
강황가루 2작은술
올리브유 6큰술

만드는 법

1. 마늘은 편 썰고, 양파는 채 썬다. 루꼴라는 5cm 길이로 썬다.
2. 명란은 길게 반으로 자른 후 알만 긁어낸다. 어묵은 먹기 좋은 크기로 썬다.
3. 끓는 물(1L)에 소금(1큰술), 스파게티 면을 넣고 8~9분간 삶는다(팬에 볶기 때문에 너무 많이 삶지 않는다. 면수는 버리지 않고 파스타 볶을 때 사용한다).
4. 달군 팬에 올리브유를 넉넉히 두른 후 마늘을 센 불에서 볶는다. 마늘이 노릇해지면 양파, 페페론치노를 넣고 볶는다.
5. 명란, 어묵을 넣고 볶는다.
6. 스파게티 면, 강황가루를 넣고 볶는다. 면이 뻑뻑하다 싶으면 면수와 올리브유를 넣어가며 볶는다.
7. 불을 끄고 루꼴라를 넣고 섞는다.

TIP

- 매운 맛이 싫다면 페페론치노를 생략하거나 과정④에서 페페론치노를 살짝 볶은 후 제거합니다.
- 어묵은 생선을 쉽게 먹을 수 있는 방법이에요. 생선 함량이 많고 첨가물이 적은 어묵을 선택하세요. 어묵을 끓는 물에 데친 후 사용하면 첨가물을 제거해 더 건강하게 먹을 수 있답니다.

피로 회복

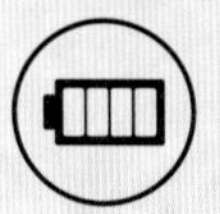

다이어트

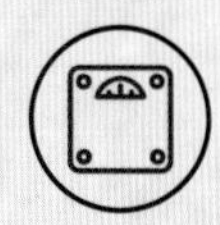

초계탕

닭고기는 필수 아미노산이 풍부해서 회복기 환자에게 좋은 식재료입니다. 쇠고기나 돼지고기와 달리 지방이 근육에 섞여 있지 않아 맛이 담백하고 소화 흡수가 잘 돼요. 껍질만 제거하면 지방 섭취도 쉽게 줄일 수 있지요. 차가운 국물로 먹는 초계탕으로 요리하면 색다른 맛을 즐길 수 있답니다.

재료

닭가슴살 280g
느타리버섯 2줌(80g)
오이 1/2개(100g)
달걀 1개
닭가슴살 삶은 육수 500*ml*

닭가슴살 양념
양조간장 2작은술
다진 파 2작은술
당 2작은술
참기름 2작은술
후추 약간

육수 양념
현미식초 2작은술
연겨자 2작은술

만드는 법

1. 끓는 물(1L)에 닭가슴살, 양파, 마늘, 대파를 넣고 끓인다.
2. 닭가슴살이 익으면 건더기를 모두 건져낸 후 육수(500*ml*)에 현미식초, 연겨자를 넣어 간을 맞춘다. 냉장고에 넣어 차갑게 식힌다.
3. 닭가슴살은 먹기 좋은 크기로 찢는다.
4. 볼에 닭가슴살 양념 재료를 섞은 후 닭가슴살을 버무린다.
5. 느타리버섯은 끓는 물에 살짝 데친 후 먹기 좋은 크기로 찢는다. 오이는 채 썬다.
6. 달군 팬에 식용유를 두른 후 달걀로 지단을 부친다. 한 김 식힌 후 채 썬다.
7. 차가워진 육수에 닭가슴살, 오이, 느타리버섯를 넣고 지단을 올린다.

TIP

- 재료에서 당은 유기농 원당, 올리고당, 조청, 꿀, 알룰로스, 아가베 시럽 등을 사용하세요.

콜레스테롤 저하 혈관 건강 장 건강

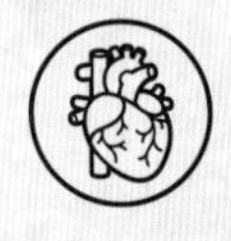

버섯 들깨탕

요리 소개

들깨에는 α-리놀렌산, 리놀산, 올레인산 등 불포화지방이 풍부해 혈중 콜레스테롤을 낮추는 데 도움이 됩니다. 또한 세사민이 풍부해 항산화 작용이 뛰어나지요. 들깨는 가루로 만들어 요리에 한 스푼 추가하는 것만으로도 맛과 영양을 배가 시킬 수 있답니다. 식이섬유, 단백질, 비타민 D가 풍부한 버섯을 넣은 들깨탕으로 고소하고 시원한 국물 맛을 즐겨보세요.

재료

느타리버섯 1줌(40g)
표고버섯 6개
새송이버섯 1/2개
팽이버섯 1줌(40g)
무 1/20개(80g)
홍고추 1/2개
풋고추 1/2개
대파 10cm
국간장 2작은술
다진 마늘 2작은술
들깨가루 2큰술
녹말물
(찹쌀가루 1큰술 + 물 3큰술)
멸치다시마육수 500㎖

만드는 법

1 느타리버섯, 팽이버섯은 먹기 좋은 크기로 찢는다.
2 표고버섯, 새송이버섯, 무는 먹기 좋은 크기로 썬다. 대파, 홍고추, 풋고추는 송송 썬다.
3 냄비에 멸치다시마육수를 끓이다가 국물이 끓으면 무와 버섯을 넣고 끓인다.
4 물이 끓어 오르면 다진 마늘, 간장, 천일염으로 간을 하고 녹말물을 잘 풀어 넣어 농도를 맞춘다.
5 잘 저어가면서 끓이다가 송송 썬 대파, 홍고추, 풋고추를 넣고 들깨가루를 넣어 살짝 더 끓인다.

TIP

- 녹말물을 넣으면 들깨가루가 바닥에 가라앉지 않아 진한 맛을 느낄 수 있어요.

굴 현미 떡국

굴은 아연, 칼슘, 철분 같은 다양한 미네랄과 타우린이 풍부해 빈혈 예방과 피로 회복에 도움이 됩니다. 떡국을 만들 때 현미 떡을 사용하는 것만으로도 정제 탄수화물 섭취를 줄여 염증 발생을 낮추고 건강하게 먹을 수 있어요.

재료

현미 떡국 떡 300g
굴 200g
양파 1/2개(100g)
당근 1/5개(50g)
대파 5cm
달걀 1개
국간장(또는 액젓) 1/2큰술
다진 마늘 1작은술
김가루 약간
멸치다시마육수 700㎖

만드는 법

1 떡국 떡은 찬물에 10분 이상 담가 불린다.
2 굴은 소금물에 살살 조물조물 씻은 후 물기를 뺀다.
3 양파, 당근은 먹기 좋은 크기로 채 썬다. 대파는 송송 썬다.
4 볼에 달걀을 푼다.
5 냄비에 멸치다시마육수를 끓인 후 떡, 양파, 당근을 넣고 끓인다.
6 떡이 떠오르기 시작하면 굴, 다진 마늘, 국간장을 넣고 한소끔 끓인다.
7 달걀물을 넣고 살짝만 저어준다.
8 김가루와 대파를 올려 완성한다.

TIP

- 국물에 달걀물을 풀어 넣으면 맛이 풍부해지지만, 깔끔한 국물맛을 원한다면 달걀을 지단으로 부쳐 고명으로 올려주세요.

피로 회복

간 해독

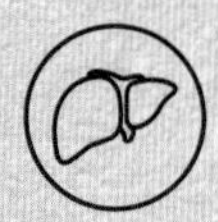

낙지 연포탕

보양 식재료의 대명사인 낙지는 지방 함량이 적고 피로 회복에 효과적인 타우린, 미네랄, 아미노산이 듬뿍 담겨 있어요. 해독에 도움이 되는 미나리와 다양한 채소를 함께 탕을 끓이면 풍부한 맛과 보기에도 근사한 요리가 됩니다. 몸이 으슬으슬하고 피곤하거나 몸살 후 회복이 필요할 때 요리해보세요.

재료

낙지 1마리(600g)
모시조개 10개
무 1/20개(80g)
양파 1/3개(70g)
애호박 1/5개(60g)
알배추 2장
미나리 30g
대파 20cm
청양고추 1개
홍고추 1개
멸치다시마육수 500㎖

양념
국간장 2작은술
다진 마늘 1큰술

만드는 법

1. 낙지는 밀가루로 주물러 깨끗이 씻은 후 적당한 크기로 자른다.
2. 무, 애호박, 알배추, 대파, 미나리는 먹기 좋은 크기로 썬다.
3. 양파는 채 썬다. 청양고추, 홍고추는 어슷 썬다.
4. 냄비에 멸치다시마육수, 무를 넣고 끓인다.
5. 해감한 모시조개, 양념 재료 넣고 한소끔 끓인다.
6. 무가 익으면 모든 재료(낙지, 미나리 제외)를 넣고 끓이다가 재료가 어느 정도 익으면 마지막에 낙지를 넣는다.
7. 낙지가 익으면 미나리를 넣는다.

TIP

- 낙지는 질겨지지 않도록 요리 마지막에 넣어 짧은 시간 익혀야 해요.
- 모시조개는 깨끗이 씻은 후 소금물에 넣어 검은 비닐봉지로 덮은 채로 30분 정도 해감하세요.

빈혈 예방

피부 건강

피로 회복

쇠고기 굴라쉬

요리 소개 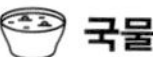 국물

굴라쉬는 헝가리식 토마토 스튜예요. 스튜 형태로 육류를 먹으면 깊은 맛과 함께 소화 흡수에 도움이 됩니다. 쇠고기는 필수 아미노산과 철분이 풍부해 빈혈 예방에 효과적이에요. 특히 필수 아미노산은 체내에서 합성되지 않아 반드시 음식으로 섭취해야 하는데, 쇠고기가 제격이지요. 기력을 보충하고 싶을 때 새로운 쇠고기 요리를 해보세요.

재료

쇠고기 등심 300g
양파 1/3개(70g)
파프리카2/3개(140g)
토마토 1/3개(60g)
감자 1/2개(70g)
마늘 5개
기버터 1큰술
통밀가루 1과 1/2큰술
월계수 잎 2개
청주 3큰술

양념

토마토 페이스트 5와 1/2큰술
케첩 1과 1/2큰술
물 200㎖

만드는 법

1 쇠고기는 적당한 크기로 썬 후 통밀가루를 묻혀둔다.

2 양파, 파프리카, 토마토, 감자는 1cm 크기로 썬다. 마늘은 편 썬다.

3 볼에 양념 재료를 섞는다.

4 냄비에 기버터를 녹인 후 양파, 마늘을 넣고 노릇하게 익을 때까지 볶는다.

5 쇠고기, 청주를 넣고 볶는다.

6 쇠고기가 적당히 익으면 파프리카, 토마토, 감자, 월계수 잎, 양념을 넣고 끓인다.

7 취향에 따라 천일염, 후추로 간을 한다.

TIP

- 기버터는 유당과 우유 단백질을 최소화한 정제 버터입니다. 우유 성분에 민감한 분에게 도움이 됩니다. 기버터가 없다면 일반 버터로 대체하세요.
- 양념의 수분이 좀더 있게 요리하고 싶을 경우 물을 추가해주세요.

콜레스테롤 저하 장 건강

버섯 샤부샤부

요리 소개

샤부샤부는 채소는 많이 육류는 적게 먹을 수 있는 요리예요. 풍부한 채소 덕분에 장 건강은 물론 혈당과 콜레스테롤 조절에도 도움이 되지요. 맛있는 양념장 하나만 있으면 별다른 준비 없이 간편하게 즉석에서 한 끼를 먹을 수 있답니다. 다양한 제철 재료를 활용해 샤부샤부를 즐겨보세요.

재료

모둠 버섯 300g
샤부샤부용 쇠고기 180g
두부 1/2모(200g)
알배추 4장
청경채 2개
죽순 1개(생략 가능)
대파 40cm
멸치다시마육수 1L

양념장
된장 2큰술
고추장 2작은술
당 2작은술
참기름 2큰술
통깨 1/2작은술

만드는 법

1 모둠 버섯, 두부는 먹기 좋은 크기로 썬다.
2 알배추, 청경채는 한 입 크기로 썬다. 죽순, 대파는 어슷 썬다.
3 볼에 양념장 재료를 섞는다.
4 냄비에 멸치다시마육수를 끓인 후 모든 재료를 넣고 약한 불에서 살짝 익힌다.
5 재료가 익으면 양념장을 곁들여 먹는다.

TIP

- 재료에서 당은 유기농 원당, 올리고당, 조청, 꿀, 알룰로스, 아가베 시럽 등을 사용하세요.
- 모둠 버섯은 표고버섯, 팽이버섯, 양송이버섯, 느타리버섯 등 아무 버섯이나 사용해도 좋아요.
- 버섯은 물에 씻으면 수분을 흡수했다가 불조리 시 수분이 빠져나와요. 수분으로 인해 버섯도 맛없고 국물 간도 안 맞게 됩니다. 물에 씻지 말고 물수건이나 키친타월로 표면을 조심스럽게 닦아주세요.

간 해독 혈관 건강 콜레스테롤 저하

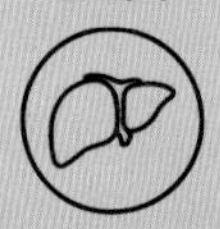

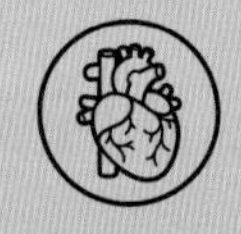

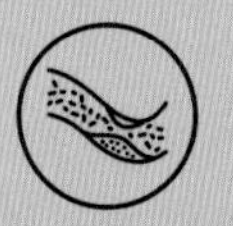

해물 순두부

요리 소개  일품

해물탕 스타일이지만 맵지 않게 맑은 순두부로 만들어 굉장히 담백해요. 콩으로 만든 두부는 필수 아미노산과 불포화지방인 리놀산이 풍부해 콜레스테롤을 낮추고 혈관 건강에 도움이 됩니다. 콩에 비해 소화 흡수가 잘 된다는 장점이 있어요. 또한 두부는 여성의 뼈와 유방 건강에 도움이 되는 파이토에스트로겐이 풍부해요. 우수한 단백질 공급원이니 자주 섭취해주세요.

재료

순두부 400g
바지락살 80g
새우살 10개
애호박 1/4개(80g)
무 1/20개(80g)
대파 5cm
홍고추 1/2개
멸치다시마육수 500㎖
액젓(또는 국간장) 1작은술
다진 마늘 2작은술

만드는 법

1 바지락살은 소금물에 헹군 후 체에 밭쳐 물을 뺀다.
2 무, 애호박, 대파는 먹기 좋은 크기로 썬다.
홍고추는 어슷 썬다.
3 멸치다시마육수에 무를 넣고 끓이다가
바지락, 새우, 애호박, 다진 마늘을 넣는다.
4 국물이 끓으면 순두부와 대파를 넣고 액젓으로 간을 한다.
5 홍고추를 올린다.

TIP

- 순두부에는 수분이 많으므로 처음부터 멸치다시마육수를 모두 넣지 마세요. 300㎖ 정도 넣고 끓이다가 국물 양에 따라 육수를 추가로 넣는 게 좋습니다.

소화 촉진

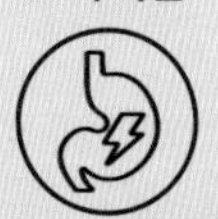

피로 회복

마 연두부찜

마에는 탄수화물을 분해하는 아밀라아제가 무보다 3배 많이 들어 있어 소화 촉진과 피로 회복에 도움이 됩니다. 마의 끈적끈적한 점액질이 위 점막을 보호해서 소화 기관이 약할 때 가벼운 한 끼 식사로 먹기 좋아요.

재료

마 170g
연두부 125g
대추채 약간

만드는 법

1 마는 껍질을 벗긴 후 강판에 곱게 간다.

2 볼에 마, 연두부를 넣고 섞은 후 천일염으로 간을 한다.

3 찜기에 넣고 대추채를 올려 10분간 찐다.

피부 건강

항산화

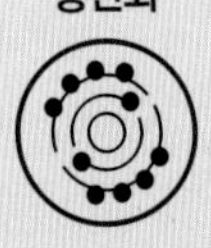

아보카도 오믈렛

요리 소개

 일품

아보카도는 비타민, 필수 지방산, 아미노산이 균형 있게 함유돼 있어 성장기 어린이와 운동선수에게 추천하는 식재료예요. 아보카도는 몸에 좋지만 막상 어떻게 요리해 먹어야 할지 생각이 안 떠올라요. 오믈렛으로 요리하면 간단하면서 특별한 요리가 됩니다.

재료

잡곡 식빵 1개
아보카도 1개
토마토 1/2개(80g)
달걀 3개
베이비 채소믹스 2줌(40g)
블루베리 10개
치아시드 1작은술

드레싱

유자청 2큰술
현미식초 2큰술
들기름 4작은술

만드는 법

1 아보카도는 껍질을 벗긴 후 과육만 발라낸다. 아보카도와 토마토는 깍둑 썬다.
2 잡곡 식빵은 팬에 살짝 굽는다. 한 김 식힌 후 큐브 모양으로 자른다.
3 볼에 달걀을 풀고 천일염을 약간 뿌린다.
4 볼에 드레싱 재료를 섞는다.
5 팬에 식용유를 두른 후 달걀물을 붓고 달걀물이 굳기 시작하면 아보카도, 토마토를 넣고 감싼다.
6 그릇에 아보카도 오믈렛을 올리고 옆에 채소믹스, 식빵 큐브, 블루베리를 올린 후 드레싱과 치아시드를 뿌린다.

항산화 혈관 건강 피부 건강

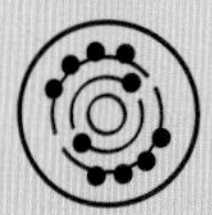
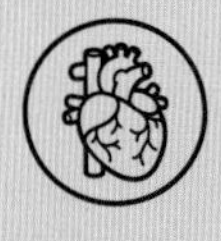

연어 파피요트

연어는 특히 여성에게 좋은 생선이에요. 피부, 머리카락, 손톱 건강에 도움이 되는 비타민 B2가 풍부한 고단백 저칼로리 식품이기 때문이지요. 또한 불포화지방이 많아 혈관 건강에 좋습니다. 파피요트는 유산지나 종이호일에 싸서 수분과 열로 찌는 요리법입니다. 식품의 영양소 파괴를 줄이는 효과가 있어요. 다양한 재료에 이 요리법을 활용해보세요.

재료

연어 200g
새우살 6개
양송이버섯 3개
아스파라거스 2개(40g)
양파 1/3개(70g)
마늘 6개
레몬 1개
로즈마리 20g
기버터 2큰술
소금 1/2작은술
후추 1작은술

만드는 법

1 양송이버섯, 마늘, 양파, 레몬(1/2개)은 얇게 썬다.
아스파라거스는 적당한 길이로 썬다.

2 종이호일에 양파를 깔고 연어를 올린 후 레몬(1/2개)으로 즙을 짠다. 천일염과 후추를 뿌린다.

3 마늘, 양송이버섯, 아스파라거스, 새우, 레몬을 올린 후 로즈마리와 기버터를 올린다.

4 종이호일을 돌돌 말고 양끝은 한 번 더 말아서 밀봉한다.

5 에어프라이기에 넣고 180도에서 25~30분간 익힌다.
오븐을 사용할 경우 200도로 예열 후 25~30분간 익힌다.

TIP

• 대구와 같은 다른 생선, 해산물, 집에 있는 자투리 채소를 활용하면 레시피가 다양해져요.

콜레스테롤 저하　다이어트

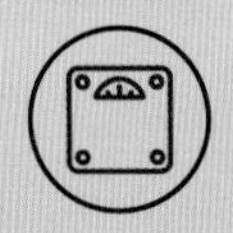

훈제 오리고기 롤

불포화지방산이 풍부한 오리고기를 알록달록한 채소와 함께 롤을 만들면 보기도 좋고 한 입에 쏙 들어가는 별미를 만들 수 있어요. 아이들이 먹기에도 도시락으로도 좋습니다.

재료

훈제 오리고기 320g
라이스페이퍼 8장
파프리카 1개(160g)
깻잎 8장

소스

다진 양파 8큰술
매실액 2큰술
진간장 1큰술

만드는 법

1 오리고기는 먹기 좋은 크기로 썬다.
파프리카, 깻잎은 채 썬다.

2 달군 팬에 오리고기를 노릇하게 구운 후 덜어둔다.

3 팬에 식용유를 두른 후 다진 양파를 볶는다.
향이 올라오면 매실액, 진간장을 넣고 졸아들 때까지 볶는다.

4 따뜻한 물에 라이스페이퍼를 넣어 부드럽게 만든 후 오리고기, 파프리카, 깻잎, ③의 소스를 올려 돌돌 만다.

TIP

- 일반 오리고기를 사용할 경우 청주(2작은술), 다진 생강(2작은술), 후추로 재워두었다가 구워주세요.

피부 건강

혈관 건강

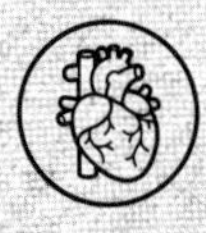

연어 스테이크

요리 소개  일품

연어는 혈관 건강에 좋은 불포화지방, 단백질, 비타민 D가 풍부한 생선이에요. 생 연어도 맛있지만 살짝 익혀서 먹으면 또 다른 맛을 즐길 수 있답니다. 스테이크 재료로 육류 대신 연어와 대구 같은 생선을 활용할 수 있다는 것 잊지 마세요.

재료

연어 360g
통밀가루 4작은술
토마토 1개(180g)
양파 1/2개(100g)
셀러리 20cm
다진 마늘 1작은술
바질가루 약간

소스

양조간장 1큰술
발사믹식초 2작은술
후추 약간

만드는 법

1 연어는 2등분해서 소금, 후추를 뿌린 후 통밀가루를 살짝 뿌려둔다.

2 오븐전용 용기에 종이호일을 깐 후 연어를 올린다. 오븐은 200도로 예열한 상태에서 연어를 넣고 15~20분간 굽는다. 팬에 구울 때는 연어를 종이호일로 감싼 후 뚜껑을 덮고 15~20분간 노릇하게 굽다가 중간에 한 번 뒤집어준다.

3 토마토, 셀러리, 양파는 1cm 크기로 깍둑 썬다.

4 달군 팬에 식용유를 두른 후 마늘을 볶는다. 향이 올라오면 양파, 셀러리, 토마토를 넣고 볶는다.

5 재료가 익으면 소스 재료를 넣고 저어가며 끓인다. 바질가루를 넣고 5분간 조린다.

6 연어를 그릇에 담고 ⑤의 소스를 얹는다.

TIP

- 바질가루는 로즈마리, 오레가노, 파슬리 등 다른 허브가루로 대체 가능해요.
- 종이호일로 생선을 감싸고 프라이팬 뚜껑을 덮어 구우면 연기와 냄새가 거의 나지 않아요.

피부 건강
혈관 건강
가자미 탕수

요리 소개  일품

가자미는 저지방 고단백 식품으로 다이어트에 도움이 되는 대표적인 흰 살 생선입니다. 비린내가 적고 살이 풍부해 아이들이 먹기에도 좋아요. 불포화지방과 콜라겐이 많아서 피부와 혈관 건강에 도움이 됩니다. 바삭하게 구워 상큼한 소스와 곁들이면 비린 맛 없이 간단하면서도 맛있게 생선을 즐길 수 있답니다.

재료

가자미 200~250g
찹쌀가루 2큰술

탕수 소스

홍고추 1개
청고추 1개
양조간장 2큰술
다진 생강 1/2 큰술
당 1/2 큰술
참기름 1/2 큰술
레몬즙 1/2 큰술

만드는 법

1 가자미는 찹쌀가루를 얇게 펴 바른다.

2 홍고추, 청고추는 다진다.
볼에 탕수 소스 재료를 넣고 섞는다.

3 팬에 종이호일을 깔고 식용유를 충분히 두른 후 가자미를 올린다. 뚜껑을 덮어 튀기듯이 10~15분간 굽는다.
중간에 한 번 뒤집는다.

4 그릇에 가자미를 담고 소스를 곁들인다.

TIP

- 재료에서 당은 유기농 원당, 올리고당, 조청, 꿀, 알룰로스, 아가베 시럽 등을 사용하세요.
- 생선을 굽거나 튀길 때 팬에 종이호일을 깔고 뚜껑을 덮어서 요리하면 연기와 냄새가 나지 않아요.

피로 회복

빈혈 예방

장 건강

쇠고기 스키야키

건강하게 육류를 먹는 방법으로 샤부샤부와 스키야키 요리를 추천합니다. 스키야키는 쇠고기, 두부, 배추 등 갖가지 재료를 육수와 함께 자작하게 끓이는 냄비 요리입니다. 고기와 다양한 채소를 먹을 수 있어서 좋아요. 채소를 살짝 익혀서 먹기 때문에 소화가 쉽고 많은 양의 식이섬유를 섭취할 수 있습니다.

재료

샤부샤부용 쇠고기 200g
얼린 두부 1/4모(100g)
새송이버섯 1/2개
느타리버섯 1줌(40g)
팽이버섯 1줌(40g)
청경채 2개
알배추 3장
대파 40cm
멸치다시마육수 500㎖
국간장 2큰술

양념
양조간장 4작은술
당 1작은술
다진 대파 1작은술
청주 약간

만드는 법

1 얼린 두부는 상온에서 해동한 후 키친타월로 눌러 물기를 제거한다.
2 쇠고기는 양념 재료와 섞은 후 재워둔다.
3 두부, 청경채, 알배추, 대파는 먹기 좋은 크기로 썬다. 느타리버섯, 팽이버섯, 새송이버섯은 잘게 찢는다.
4 전골 냄비를 올려 달군 후 쇠고기 표면이 살짝 익도록 센 불에서 볶는다. 멸치다시마육수 2큰술을 넣고 1분 더 볶은 후 불을 끈다.
5 쇠고기를 전골 냄비 가운데에 두고 느타리버섯, 팽이버섯, 새송이버섯, 청경채, 알배추, 대파, 두부를 돌려 담는다. 멸치다시마육수를 붓고 뚜껑을 덮은 후 센 불에서 끓인다.
6 기호에 따라 국간장으로 간을 한다.

TIP

- 재료에서 당은 유기농 원당, 올리고당, 조청, 꿀, 알룰로스, 아가베 시럽 등을 사용하세요.
- 곤약면을 추가해서 먹어도 좋아요.
- 국간장 대신 액젓, 어간장, 참치 진액 등을 사용하면 풍미가 더 깊어집니다.
- 두부는 얼리면 단백질 함량이 더 높아지고 쫄깃한 식감이 살아납니다.

피로 회복 피부 건강

영양 찜닭

닭고기는 단백질과 영양이 풍부하고 소화·흡수가 잘 되어 회복기 환자에게 좋은 식재료예요. 지방이 근육에 섞여 있지 않아 껍질을 벗기면 칼로리도 낮지요. 채소를 큼직하게 썰어 닭고기와 함께 찌면 다양한 영양소를 먹을 수 있답니다.

재료

닭 1/2마리(500~600g)
감자 1과 1/2개(210g)
양파 1/2개(100g)
당근 1/5개(50g)
대파 20cm
홍고추 1/2개
청양고추 1개
은행 4알
대추 2개
청주 3큰술
당면 50g
물 500㎖

양념장
진간장 1/3컵(60㎖)
흑설탕 1큰술
조청 1큰술
다진 마늘 1큰술
후추 약간

만드는 법

1 당면은 물에 담가 30분간 불린다.
2 끓는 물에 닭, 청주를 넣고 3~4분간 삶는다.
닭을 건져서 깨끗한 물에 씻는다.
3 감자, 당근, 대파, 양파, 홍고추, 청양고추는 큼직하게 썬다.
4 볼에 양념장 재료를 섞는다.
5 냄비에 닭, 감자, 양념장, 물(500㎖)을 넣고 뚜껑을 덮은 후 10~15분간 푹 끓인다.
6 닭과 감자에 양념이 배면 당면, 양파, 당근, 대파, 고추, 대추를 넣고 뚜껑을 덮어 국물을 충분히 졸인다. 중간에 약한 불로 줄여서 저어준다.
7 재료가 익으면 그릇에 찜닭을 담고 은행을 고명으로 올린다.

피로 회복 피부 건강

전복 궁중떡볶이

채소와 전복으로 만들어 혈당의 급격한 상승을 줄인 건강한 떡볶이입니다. 전복은 저지방 고단백 식품이면서 비타민과 미네랄이 풍부한 보양 식품이지요. 콜라겐 생성에 도움을 주는 글리신 성분 또한 함유하고 있어 피부 건강에 도움이 됩니다. 전복은 보통 죽이나 구이로 요리하지만 궁중 떡볶이로 만들면 색다르게 즐길 수 있어요.

재료

떡볶이 떡 300g
전복 6개
당근 1/4개(60g)
양송이버섯 4개
양파 1/3개(70g)
홍고추 2개

양념

양조간장 4큰술
참기름 4작은술
다진 마늘 2큰술
조청 2큰술
물 4큰술

만드는 법

1 떡볶이 떡은 물에 담가둔다.
2 전복, 당근, 양파, 양송이버섯은 먹기 좋은 크기로 썬다. 홍고추는 어슷 썬다.
3 달군 팬에 식용유를 두른 후 당근, 전복, 양파를 볶다가 양송이버섯을 넣고 볶는다.
4 재료가 익으면 떡, 홍고추, 양념을 넣고 볶는다. 국물이 졸아들면 약한 불로 줄인다.
5 재료에 양념이 배면 그릇에 담고 통깨를 뿌린다.

TIP

- 전복은 흐르는 물에 씻은 후 수세미로 표면을 깨끗하게 긁어주세요. 숟가락을 껍질과 전복 사이에 넣어 지렛대처럼 힘을 주면 쉽게 껍질과 살을 분리할 수 있어요. 칼로 전복의 내장과 이빨을 제거해주세요.
- 현미 떡볶이 떡을 사용하면 혈당 상승을 줄일 수 있어 좀더 건강하게 먹을 수 있지만 쫄깃한 맛이 떨어질 수 있어요.

피로 회복 항산화 피부 건강

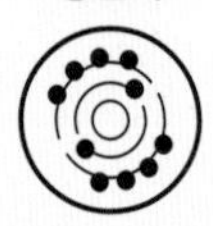

닭고기 채소 샐러드

부드러운 닭 안심살, 콜리플라워, 파프리카로 구성한 상큼한 샐러드입니다. 샐러드에 치아시드만 살짝 뿌려도 세포 재생과 면역력에 도움이 되는 아연을 쉽게 섭취할 수 있어요. 치아시드는 다른 견과류처럼 딱딱하지 않아 샐러드에 뿌려 먹기 좋지요. 또한 까만 색상이 음식을 한층 고급스럽게 해줍니다.

재료

닭 안심살 300g
콜리플라워 3/5개(120g)
파프리카 2/3개(140g)
비타민채 1줌(60g)
치아시드 1작은술
청주 2큰술
생강 1개
통후추 약간

드레싱

양조간장 2큰술
현미식초 1큰술
엑스트라버진 올리브유 2큰술
와사비 약간

만드는 법

1 파프리카는 채 썬다. 비타민채, 콜리플라워는 먹기 좋은 크기로 썬다.

2 끓는 물에 콜리플라워, 소금을 넣고 2~3분간 데친 후 콜리플라워를 건져낸다.

3 콜리플라워 데친 물에 닭 안심살, 청주, 생강, 소금, 통후추를 넣고 삶은 후 닭 안심살을 건져낸다. 한 김 식힌 후 얇게 저며 썬다.

4 볼에 드레싱 재료를 섞는다.

5 그릇에 모든 재료를 담은 후 치아시드를 뿌린다. 드레싱을 곁들인다.

간 해독
피로 회복
다이어트
새우 샐러드

요리 소개

새우는 타우린이 풍부해 간 건강과 피로 회복에 도움이 됩니다. 또한 항산화 작용을 하는 비타민 E도 풍부해요. 껍질이 손질된 새우살을 이용하면 쉽고 간편하게 상큼한 샐러드를 만들 수 있어요.

재료

새우살 16개(240g)
오이 1/2개(100g)
파프리카 1/2개(80g)
양파 1/2개(100g)

드레싱
양조간장 2큰술
레몬즙 2큰술
물 1큰술
엑스트라버진 올리브유 1큰술
당 1/2큰술

만드는 법

1 달군 팬에 식용유를 두른 후 새우를 노릇하게 굽는다.

2 오이, 파프리카, 양파는 작게 썬다.

3 볼에 드레싱 재료를 섞는다.

4 그릇에 모든 재료를 담고 드레싱을 곁들인다.

TIP

- 재료에서 당은 올리고당, 알룰로스, 아가베 시럽 등을 사용하세요.

항산화 다이어트 장 건강

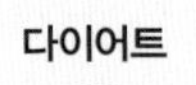

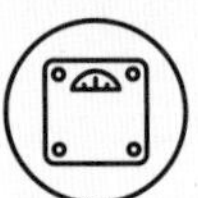

모둠버섯 샐러드

버섯은 식이섬유가 풍부해 변비 해소와 비만 예방에 좋은 식재료예요. 비타민 C가 풍부한 파프리카와 비타민채가 어우러진 항산화 샐러드를 만들어보세요. 얼린 두부는 단단해서 씹는 식감이 좋아 샐러드의 식물성 단백질 재료로 추천해요.

재료

새송이버섯 1개
아위버섯 1줌(40g)
느타리버섯 1줌(40g)
얼린 두부 1/4모(100g)
파프리카 2/3개(140g)
비타민채 2줌(120g)

드레싱

발사믹식초 3큰술
엑스트라버진 올리브유 4와 1/2큰술
다진 마늘 1과 1/2 작은술
천일염 약간
후추 약간

만드는 법

1 얼린 두부는 상온에서 해동한 후 키친타올로 눌러 물기를 제거한다. 큐브 모양으로 썬다.
2 버섯은 먹기 좋은 크기로 찢거나 썬다.
3 비타민채는 5cm 길이로 썬다. 파프리카는 채 썬다.
4 달군 팬에 버섯을 넣고 센 불에서 볶으며 천일염과 후추로 간을 한다. 버섯이 숨이 죽어 특유의 향이 올라올 때까지 볶는다.
5 달군 팬에 식용유를 두른 후 두부를 노릇하게 굽는다.
6 볼에 드레싱 재료를 섞는다.
7 그릇에 비타민채, 파프리카, 두부, 버섯을 담고 드레싱을 곁들인다.

TIP

- 버섯은 자체에서 수분이 나와 기름 없이 볶아도 맛있게 볶을 수 있어요.
- 얼린 두부는 요리 전에 미리 그릇에 담아두면 물이 나와서 물기 제거에 도움이 됩니다.
- 얼린 두부는 일반 두부보다 단백질 함량이 높아요. 또한 부드러운 일반 두부와 달리 식감이 쫄깃합니다.

다이어트 콜레스테롤 저하 항산화

오징어 샐러드

오징어는 대표적인 고단백, 저지방, 저칼로리 식재료입니다. 다양한 채소와 함께 샐러드로 만들어 먹으면 영양 균형은 물론 콜레스테롤 수치가 높아지는 것을 예방하고 다이어트에도 좋습니다.

재료

오징어 1마리(250g)
적양파 1/3개(70g)
오이 1/2개(100g)
양상추 8장(80g)
비타민채 1줌(60g)
방울토마토 6개

드레싱

엑스트라버진 올리브유 3큰술
꿀 2작은술
홀그레인 머스타드 1큰술
발사믹식초 1큰술

만드는 법

1 깨끗이 손질된 오징어는 가로 세로 칼집을 낸 후 끓는 물에 데친다.
2 적양파, 오이, 오징어는 채 썬다. 양상추, 비타민채는 먹기 좋은 크기로 썬다. 방울토마토는 4등분한다.
3 볼에 드레싱 재료를 섞는다.
4 그릇에 양상추, 적양파, 오이, 비타민채를 깔고 오징어, 방울토마토를 얹는다. 드레싱을 곁들인다.

TIP

- 오징어는 가로 세로 칼집을 넣어 데치면 익으면서 말리지 않아 요리할 때 편하고 모양도 좋아요.

피부 건강 다이어트 장 건강

돼지고기 쌀국수 샐러드

돼지고기 앞다리살은 다른 부위에 비해 지방 함량이 적어 다이어트 식단에 도움이 됩니다. 또한 뒷다리살보다 식감이 덜 질겨서 먹기에도 좋아요. 숙주나물은 비타민 C가 풍부해 콜라겐 형성에 도움을 주어 피부 건강에 도움이 됩니다.

재료

쌀국수 120g
돼지고기 앞다리살 150g
숙주나물 2줌(100g)
적양파 1/4개(50g)
비타민채 2줌(120g)
방울토마토 4개
청주 1작은술
다진 생강 1작은술

드레싱
양조간장 2큰술
발사믹식초 2큰술
엑스트라버진 올리브유 2큰술
다진 마늘 2작은술
다진 홍고추 1작은술
레몬즙 1작은술

만드는 법

1 돼지고기는 얇게 썬 후 청주, 다진 생강, 후추에 재워둔다.
2 적양파는 채 썬다. 비타민채는 먹기 좋은 크기로 썬다. 방울토마토는 2등분한다.
3 달군 팬에 돼지고기를 넣고 볶는다.
4 끓는 물에 숙주나물, 소금을 넣고 데친 후 찬물에 헹군다.
5 끓은 물에 쌀국수를 4~5분간 삶은 후 찬물에 헹군다.
6 볼에 드레싱 재료를 섞는다.
7 그릇에 모든 재료를 담고 드레싱을 곁들인다.

쇠고기 안심 샐러드

쇠고기 같이 붉은 육류를 요리에 사용할 때는 지방이 적은 안심 부위를 선택하세요. 샐러드 형태로 먹으면 스테이크보다 건강하게 먹을 수 있어요.

재료

쇠고기 안심 200g
양파 1/3개(70g)
새싹채소 1과 1/2줌(30g)
사과 1/4개(50g)
오이 1/5개(40g)
방울토마토 4개
굴소스 1작은술

드레싱

양조간장 1과 1/2큰술
엑스트라버진 올리브유 1큰술
현미식초 1큰술
당 1작은술

만드는 법

1 쇠고기 안심은 먹기 좋은 크기로 썬 후 후추를 뿌린다.
2 달군 팬에 쇠고기를 올려 기름 없이 구운 후 굴소스로 간을 한다.
3 양파는 채 썬다. 사과, 오이는 먹기 좋은 크기로 썬다.
4 볼에 드레싱 재료를 섞는다.
5 그릇에 모든 재료를 담고 드레싱을 곁들인다.

TIP

- 재료에서 당은 올리고당, 알룰로스, 아가베 시럽 등을 사용하세요.

빈혈 예방

간 해독

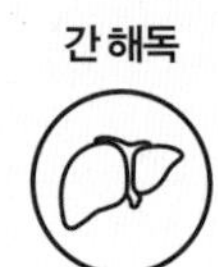

바지락 브로콜리 샐러드

요리 소개

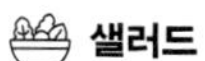

샐러드는 싱싱한 채소를 차갑게 먹는 음식이라고 생각하기 쉽지요. 그러나 채소를 익혀서 따뜻한 웜(warm) 샐러드로 먹어도 맛있답니다. 바지락은 감칠맛이 좋아 특별한 드레싱 없이 샐러드로 먹기 좋아요. 게다가 바지락은 건강에 필수적인 영양소가 가득해요. 특히 철분과 비타민 B12가 풍부해 빈혈 예방에 좋아요.

재료

바지락 250g
브로콜리 1/2개(100g)
방울토마토 5개
물 2큰술
청주 1큰술
올리브유 2큰술
발사믹식초 2큰술

만드는 법

1 냄비에 해감한 바지락, 물, 청주를 넣고 뚜껑을 덮어 5분간 찐다. 바지락 입이 열리면 건져 내고 국물은 따로 둔다.

2 브로콜리는 작게 썬 후 데친다. 방울토마토는 2등분한다.

3 볼에 ①의 바지락 국물(2큰술), 올리브유, 발사믹식초, 후추를 섞어 드레싱을 만든다.

4 그릇에 바지락, 브로콜리, 방울토마토를 담고 드레싱을 뿌린다.

TIP

- 스파게티 면이나 곤약면을 곁들여 면 요리로 즐겨도 좋아요.
- 기호에 따라 드레싱에 바지락 국물 양을 늘려서 촉촉하게 먹어도 좋아요.

항산화
장 건강
토마토 두부 샐러드

요리 소개

토마토의 붉은 색은 강력한 항산화 작용을 하는 라이코펜이라는 파이토케미컬입니다. 토마토의 신맛은 위액 분비를 촉진해 소화를 돕고, 비타민 C는 콜라겐 생성을 도와줍니다. '하루에 하나씩 토마토를 먹으면 의사를 볼 필요가 없다'는 서양 속담이 있을 정도로 건강한 식재료니 여러 요리에 활용해보세요.

재료

토마토 1개(180g)
두부 1/2모 (200g)
상추 6장
치커리 6장
잣 2큰술

드레싱

엑스트라버진 올리브유 3큰술
발사믹식초 1과 1/2큰술
꿀 1작은술

만드는 법

1 토마토, 상추, 치커리는 먹기 좋은 크기로 썬다.
2 두부는 끓는 물에 살짝 데친 후 깍둑 썬다.
3 볼에 드레싱 재료를 섞는다.
4 그릇에 모든 재료를 담고 드레싱과 잣을 뿌린다.

TIP

- 토마토를 살짝 데치고 두부는 구워서 따뜻하게 먹으면 소화에 도움이 됩니다.

피로 회복 다이어트 간 해독

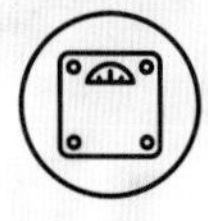

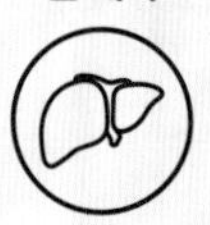

연두부 새우 샐러드

콩은 필수 아미노산이 풍부한 양질의 단백질 덩어리지만 소화가 어렵다는 단점이 있어요. 이런 단점을 보완할 수 있는 것이 바로 두부입니다. 연두부, 단단한 두부, 순두부 등 다양한 형태의 두부를 요리에 활용해보세요. 특히 연두부는 부드러워서 샐러드 재료로 좋답니다.

재료

연두부 100g
새우살 8개
셀러리 30cm
양상추 10장
방울토마토 8개

드레싱

양조간장 2큰술
레몬즙 2큰술
통깨 1작은술

만드는 법

1 달군 팬에 식용유를 두른 후 새우살을 노릇하게 굽는다.
2 연두부, 양상추, 셀러리, 방울토마토는 먹기 좋은 크기로 썬다.
3 볼에 드레싱 재료를 섞는다.
4 그릇에 모든 재료를 담고 드레싱을 곁들인다.

피부 건강 다이어트 장 건강

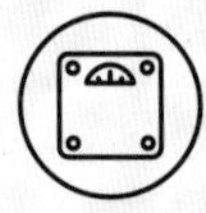

연어 요구르트 샐러드

요구르트는 유산균이 풍부한 발효식품입니다. 장 건강은 물론 칼슘과 단백질 흡수를 도와주지요. 그냥 먹어도 좋고 샐러드 드레싱 재료로 활용해도 좋아요. 요구르트와 양파로 만든 드레싱은 맛이 상큼해 연어와 잘 어울립니다.

재료

연어 200g
적근대 2장
치커리 4장
로메인 4장
블랙올리브 6개
방울토마토 6개

드레싱

플레인 요구르트 100㎖
다진 양파 1큰술
레몬즙 1큰술
천일염 약간

만드는 법

1 연어, 적근대, 치커리, 로메인은 먹기 좋은 크기로 썬다.
2 블랙올리브는 얇게 썬다. 방울토마토는 2등분한다.
3 볼에 드레싱 재료를 섞는다.
4 그릇에 모든 재료를 담고 드레싱을 곁들인다.

피부 건강 다이어트 장 건강

곤약 누들 샐러드

요리 소개

곤약은 식이섬유가 풍부해 변비 예방에 좋고, 칼로리가 낮아 다이어트에 효과적입니다. 파프리카와 오이는 피부 건강과 이뇨 작용에 도움이 되지요. 가벼운 점심 식사용으로 면 요리처럼 먹을 수 있어요.

재료

실곤약 1팩(200g)
청상추 8장
파프리카 1/2개(80g)
양파 1/5개(40g)
오이 1/5개(40g)

드레싱

양조간장 4큰술
당 3큰술
다진 마늘 2작은술
레몬즙 2작은술
다진 청고추 1큰술

만드는 법

1 끓는 물에 실곤약을 살짝 데친 후 찬물에 헹군다.

2 청상추는 먹기 좋은 크기로 썬다.
파프리카, 양파, 오이는 채 썬다.

3 볼에 드레싱 재료를 섞는다.

4 그릇에 청상추, 양파를 깔고 실곤약, 오이, 파프리카를 올린 후 드레싱을 곁들인다.

- 재료에서 당은 올리고당, 알룰로스, 아가베 시럽 등을 사용하세요.
- 실곤약은 면 형태의 곤약으로 양념이 잘 배어 국물요리에 사리로 활용하면 좋아요. 특유의 떫은 맛이 있을 수 있어 살짝 데친 후 사용하세요.

다이어트 콜레스테롤 저하 장 건강

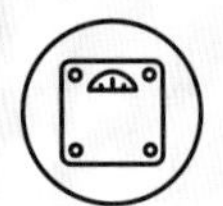

퀴노아 병아리콩 샐러드

퀴노아, 채소, 페타치즈로 만든 지중해 스타일의 샐러드입니다. 병아리콩은 비타민 B군과 당질이 풍부해 피로 회복에도 좋지요. 식이섬유가 풍부해 변비 예방에 효과적입니다. 포만감도 커서 다이어터에게 필수적인 식품입니다.

재료

퀴노아 1/3컵(60㎖)
삶은 병아리콩 140g
오이 1/2개(100g)
파프리카 1/2개(80g)
적양파 1/2개(100g)
아보카도 1/2개
블랙올리브 6개
페타치즈 60g
물 240㎖

드레싱

엑스트라버진 올리브유 1과 1/2큰술
레몬즙 1큰술
발사믹식초 2작은술
다진 마늘 1작은술

만드는 법

1 냄비에 퀴노아, 물(240㎖)을 넣고 뚜껑을 덮어 10~15분간 물이 졸아들 때까지 삶듯이 익힌다. 중간에 뚜껑을 열어 저어주고 약한 불로 줄인다. 불을 끈 상태에서 5분 정도 뜸을 들인다. 하얀 링같은 모습으로 바뀌면 잘 삶아진 것이다.
2 오이, 파프리카, 아보카도, 적양파, 페타치즈는 작게 깍둑 썬다. 올리브는 얇게 썬다.
3 볼에 드레싱 재료를 섞는다.
4 큰 볼에 병아리콩, 오이, 파프리카, 적양파, 아보카도, 퀴노아, 드레싱을 넣고 섞는다.
5 그릇에 ④를 담고 페타치즈와 올리브를 얹는다.

TIP

- 퀴노아를 삶을 때 퀴노아보다 물을 3~4배 정도 넣어주세요. 오래 묵은 퀴노아라면 물을 좀더 추가해주세요.
- 퀴노아는 씻을 때 촘촘한 체로 걸러야 알맹이가 빠지지 않아요.
- 병아리콩과 같은 콩류는 식이섬유가 많아 삶는 시간이 오래 걸리므로 통조림을 활용해도 좋아요.

항산화 간 해독

단호박 샐러드

단호박은 항산화 작용을 하는 베타카로틴과 비타민 C가 풍부합니다. 단호박을 으깨어 샐러드로 만들어두면 요리에 다양하게 활용하기 좋아요. 새싹채소의 어린 싹에는 응축된 비타민과 미네랄이 풍부하답니다. 새싹채소를 샐러드에 자주 사용해보세요.

재료

단호박 1개(200g)
삶은 달걀 1개
파프리카 1/4개(40g)
말린 크랜베리 1큰술
아몬드 슬라이스 1작은술
새싹채소 1줌(20g)

드레싱

마요네즈 1과 1/2큰술
우유 1과 1/2큰술
올리고당 1작은술

만드는 법

1 단호박을 찜기에 넣고 10~15분간 찐다.
2 단호박의 씨를 제거하고 껍질째 곱게 으깬다.
3 파프리카는 잘게 다진다. 삶은 달걀은 으깬다.
4 큰 볼에 단호박, 삶은 달걀, 파프리카, 크랜베리, 아몬드 슬라이스, 드레싱 재료를 넣고 골고루 섞는다.
5 그릇에 담고 새싹채소를 적당량 올린다.

TIP

- 단호박을 껍질째 사용하면 식이섬유와 파이토케미컬 섭취에 더욱 좋아요. 만약 소화 기능이 약하거나 아이들이 먹을 때는 껍질을 벗겨주세요.
- 큰 단호박을 사용할 경우 전자레인지에서 3분간 익히면 말랑말랑해져서 자르기 수월해요. 자른 후 적당량을 찜기에 찝니다.
- 단호박 샐러드를 호밀빵이나 잡곡빵에 스프레드로 발라 샌드위치로 먹어도 좋아요.

혈관 건강
다이어트
메밀면 국물 샐러드

요리 소개

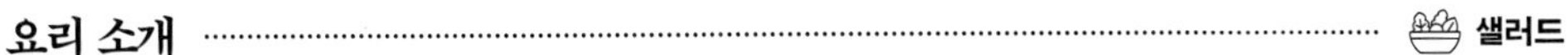

시원한 국물에 말아먹는 면 샐러드입니다. 메밀은 글루텐이 없는 곡류 중 하나예요. 메밀에 함유된 루틴은 동맥 경화를 예방하고 혈관 건강에 도움을 줍니다.

재료

메밀면 300g
얼린 두부 1/2모(200g)
무 1/20개(80g)
무순 약간

육수
양조간장 4큰술
당 2큰술
와사비 2작은술
다시마육수 200㎖

만드는 법

1. 얼린 두부는 상온에서 해동한 후 키친타월로 눌러 물기를 제거한다.
2. 큰 볼에 육수 재료를 섞은 후 냉장고에서 차갑게 식힌다.
3. 끓는 물에 메밀면을 삶은 후 찬물에 헹군다.
4. 두부는 먹기 좋은 크기로 썬 후 팬에 노릇하게 굽는다.
5. 무는 강판에 곱게 간다.
6. 그릇에 메밀면, 무, 무순, 두부를 올리고 육수를 붓는다.

TIP

- 재료에서 당은 유기농 원당, 올리고당, 알룰로스, 아가베 시럽 등을 사용하세요.

항산화

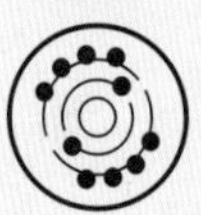

다이어트

연어 샌드위치

요리 소개

항산화 성분의 녹황색 채소로 만든 다이어트용 샌드위치예요. 연어는 고단백 저칼로리 식품으로 포만감이 좋습니다. 새콤한 머스터드 소스가 잘 어울려요.

재료

흑미 식빵 4장
연어 200g
삶은 달걀 2개
청상추 6장
양파 1/3개(70g)
토마토 슬라이스 2개

소스

마요네즈 1큰술
홀그레인 머스터드 1큰술

만드는 법

1 삶은 달걀, 토마토, 양파는 얇게 썬다.

2 청상추는 먹기 좋은 크기로 썬다.

3 볼에 소스 재료를 섞는다.

4 식빵에 청상추, 연어, 양파, 삶은 달걀, 토마토 순으로 올린 후 드레싱을 적당량 뿌리고 나머지 식빵으로 덮는다.

TIP

- 식빵 안쪽에 마요네즈를 살짝 발라주면 빵이 눅눅해지는 것을 막을 수 있어요.

콜레스테롤 저하　간 해독　피로 회복

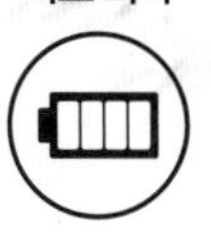

아보카도 게살 샌드위치

요리 소개

게살에는 글루탐산, 아르기닌, 타우린 등 필수 아미노산이 풍부해 성장기 어린이와 회복기 환자에게 좋아요. 불포화지방이 풍부한 아보카도와 다양한 채소로 샌드위치를 만들면 영양 만점 면역 샌드위치가 완성됩니다.

재료

흑미 식빵 4장
아보카도 1개
게살 120g
토마토 슬라이스 2개
파프리카 2/3개(140g)
양상추 4장
치커리 4장

게살 양념 재료

마요네즈 1과 1/2큰술
홀그레인 머스터드 1과 1/2큰술
레몬즙 약간(생략 가능)
후추 약간

만드는 법

1 양상추, 치커리는 먹기 좋은 크기로 뜯는다.
2 파프리카, 아보카도는 먹기 좋은 크기로 썬다.
토마토는 둥글게 썬다.
3 게살은 먹기 좋은 크기로 찢은 후 팬에 살짝 볶는다.
4 볼에 게살, 마요네즈, 홀그레인 머스터드, 레몬즙, 후추를 넣고 가볍게 버무린다.
5 식빵에 양상추, 치커리, 토마토, 아보카도, 파프리카, 게살 순으로 얹고 나머지 식빵으로 덮는다.

TIP

- 게살은 시판 크래미 중 게살 함량이 많은 제품으로 대체해도 좋아요.
- 식빵 안쪽에 마요네즈를 살짝 발라주면 빵이 눅눅해지는 것을 막을 수 있어요.

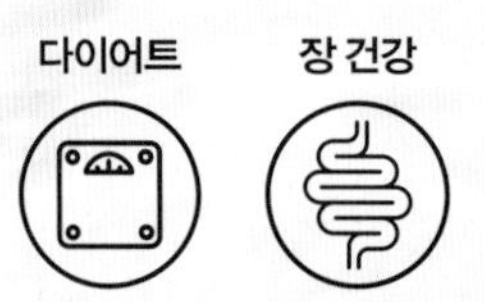

버섯 베이글 샌드위치

버섯은 식이섬유가 풍부한 저칼로리 식품입니다. 다이어트에 좋고, 피로 회복을 돕는 비타민 B군이 풍부해요. 비타민 B군은 수용성으로 손실을 막기 위해 물을 사용하는 요리보다 볶음 요리가 적합해요. 주로 반찬으로 먹던 버섯을 샌드위치 재료로 사용해보세요. 버섯을 새롭고 맛있게 먹을 수 있답니다.

재료

통밀 베이글 2개
느타리버섯 1줌(40g)
양파 1/3개(70g)
치커리 4장
슬라이스 치즈 2장

양념
양조간장 1큰술
당 1큰술
청주 1/2큰술

만드는 법

1 느타리버섯, 치커리는 먹기 좋은 크기로 찢는다. 양파는 채 썬다.
2 베이글은 반으로 썬 후 오븐이나 팬에 살짝 굽는다.
3 팬에 식용유를 두른 후 느타리버섯, 양파를 넣고 센 불에서 볶는다. 향이 올라오면 양념을 넣고 중간 불에서 양념을 졸이듯 볶는다.
4 베이글에 치커리, 버섯 볶음, 슬라이스 치즈를 올린 후 나머지 베이글로 덮는다.

TIP

- 재료에서 당은 유기농 원당, 올리고당, 조청, 꿀, 알룰로스, 아가베 시럽 등을 사용하세요.
- 버섯 특유의 쫄깃한 식감을 즐기려면 오래 익히지 않는 것이 좋아요. 살짝만 볶아주세요.

다이어트

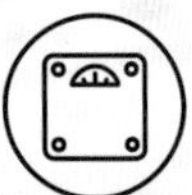

피로 회복

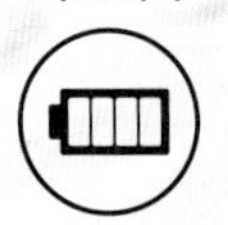

치킨 데리야키 샌드위치

치킨과 채소를 데리야키 소스에 볶아 영양과 맛을 잡았습니다. 포만감이 좋아서 식사대용으로 손색이 없어요.

재료

호밀 식빵 4장
닭가슴살 200g
양파 1/2개(100g)
파프리카 1개(160g)
치커리 4장
우유 약간

데리야키 소스
양조간장 4큰술
당 1큰술
레몬즙 1큰술
청주 1큰술

만드는 법

1 파프리카, 양파는 채 썬다.
치커리는 먹기 좋은 크기로 찢는다.

2 닭가슴살은 얇게 저며 썬다. 우유에 담갔다가 꺼낸 후 후추를 뿌린다.

3 달군 팬에 식용유를 두른 후 닭가슴살을 굽는다.
그릇에 따로 덜어둔다.

4 다시 팬에 식용유를 두른 후 양파를 볶는다.
향이 올라오면 파프리카를 넣고 볶는다.

5 ③의 닭가슴살, 데리야키 소스 재료를 넣고 졸이듯이 볶는다.

6 식빵에 치커리, 닭가슴살, 볶은 채소를 올린 후 나머지 식빵으로 덮는다.

TIP

- 재료에서 당은 유기농 원당, 올리고당, 조청, 꿀, 알룰로스, 아가베 시럽 등을 사용하세요.

부록

나만의 면역 주스 만들기

무심코 마시는 주스에 당 함량이 굉장히 높다는 사실 알고 있나요? 무가당 과일 주스에도 당이 많답니다. 체내 흡수가 빠른 과당은 혈당을 급속히 높이는 건 물론, 면역 시스템에 부정적인 작용을 하고 염증을 일으킵니다. 집에 있는 과일과 채소를 이용해서 간단히 주스를 만들어보세요. 이왕이면 영양도 좋고 맛도 좋은 음료를 만들면 좋겠죠?
과일 위주로 주스를 만들면 당이 높으므로 채소를 함께 사용하는 것이 좋습니다. 면역 주스를 만들기 위해서는 채소 비중을 많이, 과일을 소량 사용하는 것이 좋겠지요. 냉장고에 있는 채소를 하나씩 추가하며 점점 양을 늘려보세요.

1) 주스에 활용하기 좋은 재료

채소	비타민채, 양상추, 콜라비, 시금치, 청경채, 케일, 쑥갓, 미나리
씨앗	치아씨드 (씨앗류 중에서 맛이 강하지 않고 물에 닿았을 때 부드럽게 변화해 주스를 만들 때 활용하기 좋아요. 아연과 식이섬유가 많아 변비에도 도움이 됩니다.)

2) 주의할 점

한 번에 식이섬유를 많이 섭취하면 소화가 안 되거나 변비가 생길 수 있어요. 이럴 때는 물을 많이 마셔주세요.

3) 믹서기 vs 녹즙기

과일과 채소의 영양분, 특히 식이섬유를 섭취하기 위해서는 되도록 믹서기 사용을 권장합니다. 녹즙기를 사용하면 과일과 채소의 찌꺼기(펄프)가 나오는데, 이 찌꺼기가 장내 미생물의 먹이가 되는 식이섬유 덩어리랍니다. 녹즙기는 찌꺼기가 걸러지기 때문에 식이섬유를 많이 섭취할 수 없어요. 반면 믹서기는 과일과 채소를 갈아 통째로 마시기 때문에 찌꺼기도 모두 섭취할 수 있지요.

피부 건강 콜레스테롤 저하

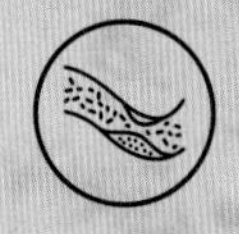

케일 사과 주스

요리 소개

케일은 대표적인 항산화 식품인 녹황색 채소로 건강에 좋지만 선뜻 손이 가지 않지요. 사과와 함께 갈아서 마시면 케일을 쉽게 먹을 수 있답니다. 사과는 콜라겐 생성을 돕는 비타민 C가 풍부해 피부 건강에 도움이 됩니다. 또한 식이섬유가 풍부해 콜레스테롤과 당분의 흡수를 줄이고 장 건강에 좋아요.

재료

사과 1개(200g)
케일 8장(40g)
물 200㎖

만드는 법

1 케일, 사과는 적당한 크기로 썬다.
2 믹서에 케일, 사과, 물을 넣어 갈아준다.

소화 촉진 피로 회복

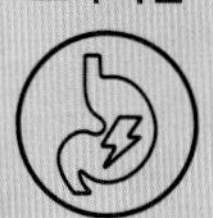

매실 레몬에이드

요리 소개

매실과 레몬의 신맛이 위액 분비를 촉진해 소화를 돕고 입맛을 돋구어줍니다. 레몬은 비타민 C와 구연산이 풍부해 피로 회복에 효과적이지요. 매실은 무기질, 비타민, 유기산 등 영양이 풍부해 피로 회복을 돕고 소화에 도움이 됩니다.

재료

매실액 2큰술
레몬 1/2개
물 200㎖

만드는 법

1 레몬은 즙을 낸다.
2 레몬즙, 물, 매실액을 함께 섞는다.

항산화

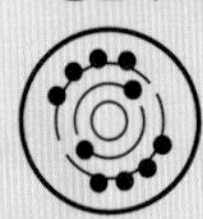

장 건강

블루베리 바나나 주스

요리 소개

블루베리는 당뇨 환자에게 비교적 안전한 과일 중 하나로 안토시아닌, 폴리페놀, 비타민 E와 같은 항산화 성분이 풍부합니다. 바나나는 장내 미생물의 먹이가 되는 수용성 식이섬유를 함유하고 있어 장 건강에 도움이 됩니다.

재료

블루베리 20알
바나나 1/2개
물 200㎖

만드는 법

1 블루베리 20알을 씻은 후 물기를 빼 둔다.

2 믹서에 블루베리, 바나나, 물을 넣고 갈아준다.

TIP

- 냉동 블루베리와 냉동 바나나를 이용해 스무디처럼 만들어도 좋아요.

간 해독 콜레스테롤 저하 피로 회복

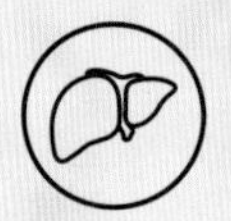
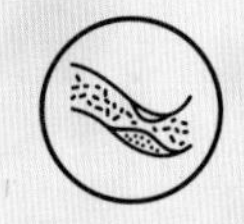

비트 레몬 사과 주스

요리 소개

간 해독과 피로 회복에 효과적인 대표 식재료를 넣어 만든 주스입니다. 비트, 레몬, 사과의 상큼한 맛이 기분까지 좋게 만들어줍니다.

재료

사과 1개(200g)
비트 15g
레몬 1/4개
물 200㎖

만드는 법

1 비트와 레몬은 껍질을 제거한다.
2 사과, 비트, 레몬은 적당한 크기로 썬다.
3 믹서에 사과, 비트, 레몬, 물을 넣고 갈아준다.

장 건강 소화 촉진

토마토 양배추 요구르트 스무디

토마토에 함유된 식이섬유는 위 점막을 보호하고 장내 미생물의 먹이가 됩니다. 양배추의 비타민 U는 위장병에 특효가 있고 식이섬유가 많아 장 운동을 도와줍니다. 상큼한 레몬을 넣어 맛이 깔끔해요.

재료

토마토 1개(180g)
양배추 40g
레몬 1/4개
플레인 요구르트 200㎖

만드는 법

1 토마토, 양배추는 적당한 크기로 썬다.
2 레몬은 껍질을 벗기고 적당한 크기로 썬다.
3 믹서에 토마토, 양배추, 레몬, 플레인 요구르트를 넣고 갈아준다.

TIP

- 양배추는 살짝 데쳐서 넣거나 양상추로 대체해도 됩니다.

레시피 찾아보기 ❶ **식재료별**

면

채소

면역 기대 효과별

간 해독

피부 건강

혈관 건강

콜레스테롤 저하

다이어트

빈혈 예방

소화 촉진

장 건강

피로 회복

항산화

하루 한 끼

면역 밥상

펴낸날 초판 1쇄 2021년 10월 10일 | 초판 4쇄 2023년 2월 10일

지은이 이경미
펴낸이 임호준
출판 팀장 정영주
책임 편집 이상미 | **편집** 김은정 조유진
디자인 유채민 | **마케팅** 길보민 이지은
경영지원 나은혜 박석호 유태호 황혜원

인쇄 (주)상식문화

펴낸곳 비타북스 | **발행처** (주)헬스조선 | **출판등록** 제2-4324호 2006년 1월 12일
주소 서울특별시 중구 세종대로 21길 30 | **전화** (02) 724-7637 | **팩스** (02) 722-9339
포스트 post.naver.com/vita_books | **블로그** blog.naver.com/vita_books | **인스타그램** @vitabooks_official

ISBN 979-11-5846-362-5 13590